智能光电制造技术及应用系列教材

■ 教育部新工科研究与实践项目
■ 财政部文化产业发展专项资金资助项目

激光切割技术实训指导

肖 罡 蔡建平 杨钦文 / 编著

U0255213

湖南大学出版社

·长沙·

内 容 简 介

本书是激光切割系列丛书中的实训指导教材,本书共两部分,六个项目。第一部分主要介绍了激光切割的基本加工流程以及加工过程中辅助工具的使用和安全注意事项,为下一步案例实训做好基础知识准备;第二部分包含五个项目,主要以大族激光的 Lion3015 光纤激光切割机为例,介绍了家居建材、汽车、船舶、航天航空、农机 5 个领域的典型零部件激光切割实训,旨在培养学生严谨的科学态度与实践应用能力,使其初步具备发现问题、分析问题、解决问题的实操能力。

本书可作为全国应用型本科及中、高等职业院校相关专业的教材,也可作为激光切割设备操作人员的培训教材。

图书在版编目(CIP)数据

激光切割技术实训指导/肖罡,蔡建平,杨钦文编著. —长沙:湖南大学出版社,2022.10

智能光电制造技术及应用系列教材

ISBN 978-7-5667-2558-5

Ⅰ.①激… Ⅱ.①肖… ②蔡… ③杨… Ⅲ.①激光切割 Ⅳ.①TG485

中国版本图书馆 CIP 数据核字(2022)第 111012 号

激光切割技术实训指导
JIGUANG QIEGE JISHU SHIXUN ZHIDAO

编　著:肖　罡　蔡建平　杨钦文
策划编辑:卢　宇
责任编辑:金红艳
印　装:长沙市宏发印刷有限公司
开　本:787 mm×1092 mm　1/16　　印　张:9.75　　字　数:214 千字
版　次:2022 年 10 月第 1 版　　　　印　次:2022 年 10 月第 1 次印刷
书　号:ISBN 978-7-5667-2558-5
定　价:52.00 元

出 版 人:李文邦
出版发行:湖南大学出版社
社　　址:湖南·长沙·岳麓山　　　　邮　　编:410082
电　　话:0731-88822559(营销部),88821327(编辑室),88821006(出版部)
传　　真:0731-88822264(总编室)
网　　址:http://www.hnupress.com
电子邮箱:549334729@qq.com

系列教材指导委员会

杨旭静　张庆茂　朱　晓　张　璧　林学春

系列教材编委会

主任委员：高云峰
总　主　编：陈　焱　胡　瑞
总　主　审：陈根余
副主任委员：张　屹　肖　罡　周桂兵　田社斌　蔡建平
编委会成员：杨钦文　邓朝晖　莫富灏　赵　剑　张　雷
　　　　　　刘旭飞　谢　健　刘小兰　万可谦　罗　伟
　　　　　　杨　文　罗竹辉　段继承　陈　庆　钱昌宇
　　　　　　陈杨华　高　原　曾　媛　许建波　曾　敏
　　　　　　罗忠陆　邱婷婷　陈飞林　郭晓辉　何　湘
　　　　　　王　剑　封雪霁　李　俊　何纯贤

参编单位

大族激光科技产业集团股份有限公司　　大族激光智能装备集团有限公司
湖南大族智能装备有限公司　　　　　　江西科骏实业有限公司
湖南大学　　　　　　　　　　　　　　湖南科技大学
江西应用科技学院　　　　　　　　　　湖南铁道职业技术学院
湖南科技职业学院　　　　　　　　　　娄底职业技术学院

总　序

激光加工技术是20世纪能够与原子能、半导体及计算机齐名的四项重大发明之一。激光也被称为世界上最亮的光、最准的尺、最快的刀。经过几十年的发展，激光加工技术已经走进工业生产的各个领域，广泛应用于航空航天、电子电气、汽车、机械制造、能源、冶金、生命科学等行业。如今，激光加工技术已成为先进制造领域的典型代表，正引领着新一轮工业技术革命。

国务院印发的《中国制造2025》重要文件中，战略性地描绘了我国制造业转型升级，即由初级、低端迈向中高端的发展规划，将智能制造领域作为转型的主攻方向，重点推进制造过程的智能化升级。激光加工技术独具优势，将在这一国家层面的战略性转型升级换代过程中扮演无可比拟的关键角色，是提升我国制造业创新能力、打造从中国制造迈向中国创造的重要支撑型技术力量。借助激光加工技术能显著缩短创新产品研发周期，降低创新产品研发成本，简化创新产品制作流程，提高产品质量与性能；能加工出传统工艺无法加工的零部件，增强工艺实现能力；能有效提高难加工材料的可加工性，拓展工程应用领域。激光加工技术是一种变革传统制造模式的绿色制造新模式、高效制造新体系。其与自动化、信息化、智能化等新兴科技的深度融合，将有望颠覆性变革传统制造业，但这也给现行专业人才培养、培训带来了全新的挑战。

作为国家首批智能试点示范单位、工信部智能制造新模式应用项目建设单位、激光行业龙头企业，大族激光智能装备集团有限公司（大族激光科技产业集团股份有限公司全资子公司）积极响应国家"大力发展职业教育，加强校企合作，促进产教融合"的号召，为培养激光行业高水平应用型技能人才，联合国内多家知名高校，共同编写了智能光电制造技术及应用系列教材（包含"增材制造""激光切割""激光焊接"三个子系列）。系列教材的编写，是根据职业教育的特点，以项目教学、情景教学、模块化教学相结合的方式，分别介绍了增材制造、激光切割、激光焊接的原理、工艺、设备维护与保养等相关基础知识，并详细介绍了各应用领域典型案例，呈现了各类别激光加工过程的全套标准化工艺流程。教学案例内容主要来源于企业实际生产过程中长期积累的技术经验及成果，相信对读者学习和掌握激光加工技术及工艺有所助益。

系列教材的指导委员会成员分别来自教育部高等学校机械类专业教学指导委员会、中国光学学会激光加工专业委员会，编著团队中既有企业一线工程师，也有来自知名高校和职业院校的教学团队。系列教材在编写过程中将新技术、新工艺、新规范、典型生产案例悉数纳入教学内容，充分体现了理论与实践相结合的教学理念，是突出发展职业教育，加强校企合作，促进产教融合，迭代新兴信息技术与职业教育教学深度融合创新模式的有益尝试。

智能化控制方法及系统的完善给光电制造技术赋予了智慧的灵魂。在未来十年的时间里，激光加工技术将有望迎来新一轮的高速发展，并大放异彩。期待智能光电制造技术及应用系列教材的出版为切实增强职业教育适应性，加快构建现代职业教育体系，建设技能型社会，弘扬工匠精神，培养更多高素质技术技能人才、能工巧匠、大国工匠助力，为全面建设社会主义现代化国家提供有力人才保障和技能支撑树立一个可借鉴、可推广、可复制的好样板。

大族激光科技产业集团

股份有限公司董事长

2021 年 11 月

前　言

早在 2006 年，激光行业就被列为国家长期重点支持和发展的产业。伴随激光的发展及应用拓展，国家陆续出台规划政策给予支持。2011 年，激光加工技术及设备被列为当前应优先发展的 21 项先进制造高技术产业化重点领域之一；2014 年，激光相关设备技术再次被列入国家高技术研究发展计划；2016 年，国务院印发的《"十三五"国家科技创新规划》《"十三五"国家战略性新兴产业发展规划》等规划均涉及激光技术的提高与发展；2020 年，科技部、国家发改委等五部门发布《加强"从 0 到 1"基础研究工作方案》，将激光制造列入重大领域，要求推动关键核心技术突破，并提出加强基础研究人才培养。

在美、日、德等国家，激光技术在制造业的应用占比均超过 40%，该占比在我国是 30% 左右。在工业生产中，激光切割占激光加工的比例在 70% 以上，是激光加工行业中最重要的一项应用技术。激光切割是利用光学系统聚焦的高功率密度激光束照射在被加工工件上，使得局部材料迅速熔化或汽化，同时借助与光束同轴的高速气流将熔融物质吹除，配合激光束与被加工材料的相对运动来实现对工件进行切割的技术。激光切割技术可将批量化加工的稳定高效与定制化加工的个性服务完美融合，摆脱成型模具的成本束缚，替代传统冲切加工方法，可在大幅缩短生产周期、降低制造成本的同时，确保加工稳定性，兼顾不同批量的多样化生产需求。结合上述优势，激光切割技术应用推广迅速，已成为推动智能光电制造技术及应用发展的至关重要的动力。

新修订的《中华人民共和国职业教育法》于 2022 年 5 月 1 日起施行，这是该法自 1996 年颁布施行以来的首次大修。职业教育法的此次修订，充分体现了国家对职业教育的愈发重视，再次明确了"鼓励企业举办高质量职业教育"的指导思想。在教育部新工科研究与实践项目、财政部文化产业发展专项资金资助项目的支持下，大族激光科技产业集团股份有限公司策划牵头，积极响应国家大力发展职业教育的政策指引，结合激光行业发展，组织编写了智能光电制造技术及应用系列教材。其中，系列教材编委会根据"激光切割"全工艺流程及企业实际应用要求编写了"激光切割"子系列教材共 4 本，即《激光切割设备操作与维护手册》《激光切割 CAM 软件教程》《激光切割技术及工艺》《激光切割技术实训指导》。本系列教材具有以下特点：

（1）在设置理论知识讲解的同时，对设备或软件按照实际操作流程进行讲解，既做到常用特色重点介绍，也做到流程步骤全面覆盖。

（2）在对激光切割全流程操作步骤、方法等进行详解的基础上，注重读者对激光切割工艺认知的培养，使读者知其然并知其所以然。

（3）采用"部分→项目→任务"的编写格式，加入实操配图进行详解，使相关内容直观易懂，还可以强化课堂效果，培养学生兴趣，提升授课质量。

本书由肖罡、蔡建平、杨钦文编著，郭晓辉、戴璐祎、李俊、王剑、邱婷婷、仪传明、何湘也为本书的出版作出了贡献。本书是激光切割系列丛书中的实训指导教材，旨在培养学生严谨的科学态度与实践应用能力，使其初步具备发现问题、分析问题、解决问题的实操能力。本书以各大制造业领域的实际加工应用为实训案例，强调实用性与可操作性，为后续从业人员的学习提升奠定实践基础。全书共六个项目。其中，项目一主要介绍了激光切割的基本加工流程以及加工过程中辅助工具的使用和安全注意事项，为下一步案例实训做好基础知识准备；第二部分包含五个项目，主要以大族激光的 Lion3015 光纤激光切割机为例，介绍了家居建材、汽车、船舶、航天航空、农机 5 个领域的典型零部件激光切割实训。

本书在编写过程中得到了大族激光智能装备集团有限公司、湖南大族智能装备有限公司、江西科骏实业有限公司等企业，以及湖南大学、湖南科技大学、江西应用科技学院、湖南铁道职业技术学院等院校的大力支持，在此表示衷心感谢。

本书中所采用的图片、模型等素材，均为所属公司、网站或者个人所有，本书仅作说明之用，绝无侵权之意，特此声明。

由于作者水平有限，书中存在不妥及不完善之处在所难免，希望广大读者发现问题时给予批评与指正。

作　者
2022 年 4 月

目 次

第一部分

基础知识与学习准备

项目1

激光切割基础知识

项目描述

在碳达峰、碳中和的国家战略背景下，智能制造技术是国家实现"双碳"战略的重要手段，同时也是推动中国从制造大国迈向制造强国的重要力量。

激光技术是一门发展极为迅速的高新技术，正助力中国智能制造技术的发展。在高功率激光加工应用领域中，切割是应用最广泛的，其次为焊接，最后为增材和熔覆制造。

随着智能制造技术的迅速发展，与激光相关的产品和技术服务已遍布全球，渗透到各行各业，形成了较为完备的激光产业链。激光产业链上游主要包括激光材料和配套的光学、机械元器件等，中游主要为各种激光器及其配套装置与设备，下游则以激光应用产品、激光制造装备、消费产品为主，如图1.1所示。

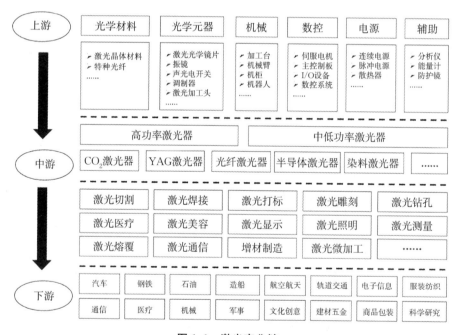

图1.1 激光产业链

激光切割凭借速度快、精度高、加工质量好等优势逐步替代传统机械切割，大幅度地提高了工业加工的效率和品质。激光加工设备工作过程具有智能化、标准化、连续性等特点，通过配套自动化设备可以提升产品质量、提高生产效率、节约人工成本等，因此未来"激光＋配套自动化设备"的系统集成需求将成为趋势。

本项目主要介绍激光切割的基础知识与实训准备，使学生能对激光切割的具体加工流程、使用工具有一定的了解，熟悉安全生产与安全实训的流程。

任务 1 激光切割技术

任务描述

激光是自 1960 年问世后就快速发展并在实际生产中迅速得到应用的高新技术。随着学者对相关基本理论的不断研究和各类激光器元器件的不断发展，激光应用领域也随之拓宽，应用规模逐渐扩大，所获得的经济效益和社会效益愈加显著。

激光切割是激光加工行业中最重要的一项应用技术，与其他切割方法相比，它具有高速度、高精度和高适应性的优点，同时还具有割缝细、热影响区小、切割面质量好、切割时无噪声、切割过程易实现自动化控制等优点。另外，激光切割板材时，不需要模具，可以替代一些需要采用复杂大型模具的冲切加工，能大大缩短生产周期，降低成本。随着国家大力推进智能制造的发展，传统制造逐渐向智能高端制造转型，目前激光切割已广泛地应用于车辆制造、航空、化工、轻工、电器与电子、石油和冶金等工业领域中。

本任务通过对激光切割技术原理、适合激光切割加工的材料及生产流程的讲解，使学生系统地了解相关原理和流程，为下一步了解激光切割的应用作准备。

任务实施

1）技术原理

激光切割是利用经聚焦的高功率密度（超过材料阈值）激光束照射工件，因激光束的能量以及活性气体辅助切割过程所附加的化学反应热能全部被材料吸收，由此引起激光作用点的温度急剧上升，达到沸点或熔点后材料开始汽化或熔化，并形成孔洞，随着激光束与工件的相对运动，最终使得材料形成切口，切口处的熔渣被一定的辅助气流吹走，从而实现割开工件的一种热切割方法。

2）常用材料

目前市场上的激光切割机主要有搭配 CO_2 激光器的激光切割机和搭配光纤激光器的激光切割机两种。光纤激光器相较于 CO_2 激光器光电转换率高且维护成本低，因而受到更多的企业和激光加工用户的认可，目前市场上光纤激光切割机的使用也更广泛。

光纤激光切割机只可以用来切割金属，不可以用来切割非金属。常用来切割的材料有不锈钢、碳钢、铝合金、黄铜、紫铜等，其中紫铜为高反材料，长时间切割高反材料会影响激光器的性能，缩短切割机床的使用寿命。

任务2 激光切割工艺流程

在接到一个加工任务后，工程师需要对加工任务进行分析，设计合适的生产工艺以保证加工完成的产品质量符合生产的需求。在激光切割的实际生产过程中，设计图纸、编程和操作设备通常是由不同的工程师负责的。

下面主要介绍使用光纤激光切割机生产的一般流程。

任务分析

1）加工要求

加工要求一般为：在指定的毛坯上加工出指定的工件。其中毛坯为一张矩形的板材，如图1.2所示，板材的长宽不能超过机床的加工范围且要满足需要生产的工件的尺寸。对于规则的零件，在切割时一般使用机床自动寻边功能来加工。

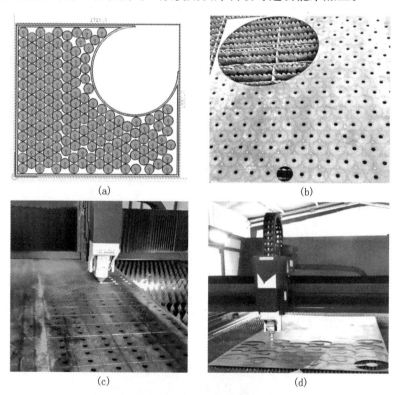

(a)

(b)

(c)

(d)

图1.2 矩形板材加工

除此之外，还可使用光纤激光切割机在半成品工件上切割方孔、圆孔等轮廓，如图1.3的激光切割加工汽车轮毂轴孔。这种情况下定位采用手动对刀，定位精度要求高的情况下可以使用工装夹具来定位。在加工之前还需要考虑加工材料的厚度问题，即需要加工的材料的厚度不能大于机床可以切割的极限厚度。

图 1.3 激光切割加工汽车轮毂轴孔

2）图纸分析（见图 1.4）

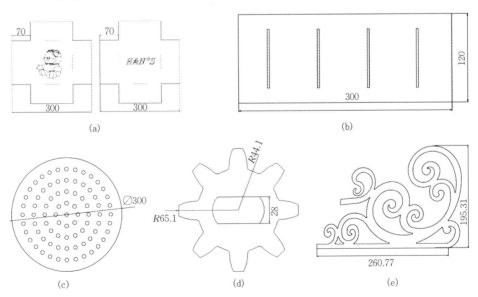

图 1.4 工件图（单位：mm）

光纤激光切割机可以加工的工件如图 1.4 所示。在收到加工图纸之后需要从以下几个方面分析：

（1）轮廓大小

轮廓可以分为大轮廓、中轮廓、小轮廓、小孔。其中大轮廓、中轮廓、小轮廓都是机床能够加工的轮廓，大、中、小轮廓在切割时其切割难度和加工质量要求分别对应切割参数的切割一层、切割二层、切割三层。若小孔为当前设备无法加工的轮廓（例如 3 000 W 设备无法在 20 mm 厚的板材上加工直径 1 mm 的小孔），则在激光切割之后需要使用其他的工艺（如钻孔）加工，但是在激光加工时需进行打标处理，打标的标记可以为该轮廓的后续加工工序提供定位。

（2）轮廓形状

轮廓按照形状来分有尖角、圆角、多段线等。

针对尖角轮廓的加工可能会产生拐角过烧和挂渣的情况，此时需要判断是否使用角处理功能（如使用 CAM 软件编程时在尖角处添加冷却或者圆弧处理）；针对短且密集的多段线的加工，切割头会在每一条线段的拐角处频繁加减速，导致整体运行不够平顺，影响加工效率，此时需要判断是否使用 CAM 软件的圆弧拟合功能。

（3）内轮廓和工件的排列

工件的轮廓排列按照间距可分为分散排列和密集排列，按照位置分布可分为离散排列和规则排列。

针对工件在一整张板材上的不同排列方式和工件内轮廓的不同排列方式，需要设置不同的切割顺序。其中内轮廓的切割顺序有：沿 X 方向迂回切割，如图 1.5（a）所示；沿 Y 方向迂回切割，如图 1.5（b）所示；沿 X 方向"之"字切割，如图 1.5（c）所示；沿 Y 方向"之"字切割，如图 1.5（d）所示；从内到外切割，如图 1.5（e）所示；最快切割，如图 1.5（f）所示。零件间的切割顺序有：沿 X 方向迂回切割，如图 1.5（g）所示；沿 Y 方向迂回切割，如图 1.5（h）所示；沿 X 方向"之"字切割，如图 1.5（i）所示；沿 Y 方向"之"字切割，如图 1.5（j）所示；最快切割，如图 1.5（k）所示。

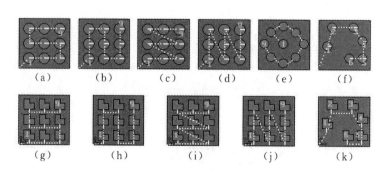

图 1.5　设置切割顺序

此外，针对密集排列的轮廓切割，为了避免局部过热产生热变形影响加工质量，还可以使用条料宽度切割和冷却间隔切割。

针对工件内轮廓排列规则且不需要穿孔的工件，在设置切割方式时可以选择"飞行切割"，提高切割的效率。

3）切割技术指标

（1）表面

激光加工工件要求工件上下表面没有熔渣，若上表面穿孔堆渣会影响加工质量，若下表面挂渣会影响工件使用。工件表面质量问题可以按照以下方法进行选择调试。

①若使用氮气穿孔不锈钢板材时表面堆渣，可以使用慢速起刀或者更换穿孔方式为氧气穿孔。

②因切割铝板时高频穿孔会比脉冲表面堆渣少，若使用氮气穿孔铝合金板材时表面堆渣，可以使用慢速起刀或者更换穿孔方式为高频穿孔。

③若下表面挂渣，可以选择合适的切割辅助气体。如使用氮气或空气切割碳钢，会有少量熔渣产生，这种情况可使用氧气切割。

④若下表面挂渣，应选择合适的焦点位置，焦点过高和过低都会造成切割挂渣。

⑤若下表面挂渣，可以使用脉冲切割，特别是针对厚板。

⑥在镀锌板或者镀铅板穿孔后易出现发黑现象，若穿孔后上表面发黑，需要降低频率和占空比，提高穿孔高度。

（2）端面和速度

激光加工的工件需要根据使用方式的不同选择不同的切割工艺。

①若断面要求焊接，则需要避免断面被氧化，切割时需要使用保护性气体；如果切割端面在激光加工过程中被氧化，则工件加工完成后需要先进行除锈处理再开始焊接。

②若要求切割出的断面为光滑的亮面（亮面一般是针对碳钢加工而言），则需要使用氧气切割碳钢。能否切割出光滑的亮面与板材厚度和功率有关，越厚的板材需要越高的功率。

③若碳钢加工时不要求断面效果，而要求提升切割效率，则厚碳钢板可以使用负焦点工艺，薄碳钢板可以使用氮气或空气切割。

④若不锈钢加工时不要求断面效果，而要求提升切割效率，可以使用暴风切割工艺（高功率）。

（3）精度

由于激光切割是利用激光将材料融化后吹走形成割缝来进行切割的，因此割缝有一定的宽度。如果不添加补偿值（路径偏移值），测量时会发现工件内轮廓偏大，外轮廓偏小。为了保证切割的精度，切割外轮廓时需要向外偏移，切割内轮廓时需要向内偏移。

补偿的设置一般有两种方式：软件补偿和机器补偿。其中软件补偿是指在 CAM 软件里设置补偿值，补偿值会直接计算进程序的 NC 路径中，控制得更加精确。后续如果需要更改补偿值，则在 CAM 软件里修改补偿值后重新输出程序即可。

任务实施

1) CAM 软件编程

CAM 软件的图标有两个，一个是侧重零件加工路径处理的 cncKad，一款是侧重排版的 AutoNest。在实际生产过程中需要进行排版时，一般使用 AutoNest 进行多零件的排版编程；针对单个零件的排版编程，既可以选择 AutoNest 软件，也可以选择 cncKad 软件。也就是说两个软件都可以进行编程处理，AutoNest 软件侧重于对多个零件进行排版，但也可以对单个零件进行编程。但当需要对图形进行编辑时，如"修改属性"操作只能在 cncKad 软件进行。所以在实际应用过程中，需要熟练掌握两个软件的编程流程。

（1）cncKad 软件对单个零件编程的流程（如图 1.6 所示）

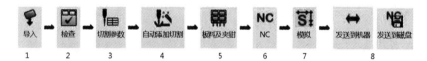

图 1.6　单个零件的编程流程

①导入：导入 CAD 格式的零件图纸。

②检查：检查导入图形是否有未闭合轮廓、重复线、断线等问题并进行自动修复。

③切割参数：根据需求设置零件的分层及每一层的内外轮廓补偿值等参数。

④自动添加切割：设置不同轮廓的处理方式及零件内轮廓的加工顺序，然后根据设置自动为轮廓添加切割路径。

⑤板料及夹钳：设置零件到板料的间隔，添加喷膜、预穿孔、切割余料线等切割方式。

⑥NC：输出 NC 程序。

⑦模拟：模拟加工路径，检查切割顺序及引线位置是否正确。

⑧发送到机器或磁盘：将输出的切割程序发送到指定位置。

（2）AutoNest 软件对多个零件排版编程的流程（如图 1.7 所示）

①新订单：创建新订单。

②订单数量：导入零件（CAD 图纸或 DFT 图纸）并设置零件的数量及材质厚度，然后对单个零件的轮廓进行图形处理及自动添加切割。

③切割参数：设置合适的分层及补偿值等参数，修改分层后需要重新在"订单数量"里添加一遍切割路径。

④板料及夹钳：设置合适的零件到板料的间距，添加喷膜、预穿孔、余料线等切割方式。

⑤全部信息：设置零件的属性，如零件间间隔、可旋转角度、是否可以镜像等信息。

⑥自动套裁：对零件进行自动套裁。

⑦生成子套裁 NC 程序：输出整版的 NC 程序。

⑧运行模拟：模拟加工路径，检查切割顺序及引线位置是否正确。

⑨发送到机器或磁盘：将输出的切割程序发送到指定位置。

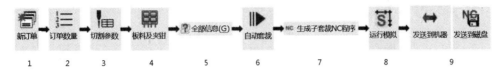

图 1.7　排版编程流程

（3）特殊流程

目前的 2018 版本之后的 cncKad 软件在 AutoNest 模式下也可以实现大部分的功能操作。但是图形绘制和编辑功能在 AutoNest 模式下是无法完成的，当使用 AutoNest 软件编程时出现需要编辑图形的操作就需要将零件图形或排版后的图形在 AutoNest 和 cncKad 之间互相导入、导出。需要互相导入、导出的情况一般有两种：

①AutoNest 对导入图纸进行 DXF 图纸处理时处理失败。

当使用 AutoNest 创建订单导入图纸，进行图纸处理时会出现图纸处理失败的情况，此时就需要使用 cncKad 来编辑该工件，在 cncKad 编辑完成后保存，此时该工件在 cncKad 模式下处理后的 DFT 图纸就会同步导入 AutoNest 的排版中。

②AutoNest 排好的整版以 NST/DFT 格式在 cncKad 中打开。

当使用 AutoNest 对工件进行排版后仍需要再编辑切割路径，此时就可选择将整版以 NST 格式或 DFT 格式导入到 cncKad 软件中打开。因为 DFT 格式会将整版的多个工件默认组合为一个工件，因此实际生产中一般选用 NST 格式。

2）设备操作

程序发送到机床之后就可以准备进行生产，设备生产操作的流程为：

①更换喷嘴：根据工艺参数备注的喷嘴规格更换对应的喷嘴并检查喷嘴是否有损伤，喷嘴型号的错误或者喷嘴本身的损伤都会影响切割的效果。

②气体测试：气体测试可以帮助检查切割需要的气体是否打开，若未打开，易导致镜片被激穿。同时气体测试会排出管道内的空气或上次切割残留的气体，避免因为气体不纯影响切割的质量。

③同轴调校：若同轴不正会造成切割漏光，导致加工出来的工件的相对的两个断面不一致，如一侧断面光滑、一侧断面粗糙。

④标定：可以校准切割头传感器的随动，随动不准会造成切割头撞板或者高空出光，影响切割的质量。

⑤程序选择：在对应文件夹找到需要加工的程序。

⑥选择工艺参数：根据板材的材质厚度选择对应的工艺参数。

⑦设置寻边方式：寻边方式有当前位置寻边、指定位置寻边、圆板寻边三种。寻

边方式需要根据生产的实际情况进行选择。

⑧走边框：走边框可以帮助操作人员判断板材大小是否足够，位置是否合适。

⑨开光切割：切割时注意"首件必检"。

3）异常问题处理

在设备切割的过程中出现报警或者发现切割异常时，需要对异常问题及时进行处理：

①上高压时出现"机床器高压故障"报警：重启激光器然后重新上高压。

②切割头碰撞报警：在处理完报警问题后小复位即可复位报警。

③上高压时"冷水机故障"报警：检查冷水机是否开启，开启冷水机后小复位即可复位报警。

④偶尔工件翻转：翻转的工件将会影响切割头移动，需要手动暂停，将工件移开之后再按启动恢复切割。

⑤编程未加微连接，工件掉落废料车：在工艺参数里的"微连接"给对应的切割层添加合适的微连接。

⑥工件频繁翻转，影响切割头移动安全：重新编程添加微连接或者在工艺参数里添加微连接。

⑦切割中途大复位后如何恢复加工：可以使用加工中断返回、续切、灵活进入、接刀开关等方式来恢复加工。

任务 3 常用辅助工具

任务描述

本任务通过了解激光切割常用工具，使学生熟悉并掌握常用工具的使用方法和日常维护及保养。

任务实施

1）常用工具及其使用方法

（1）喷嘴

喷嘴是激光切割过程中不可或缺的工具，在对不同材质和厚度的板料进行切割时，需要频繁更换喷嘴。

更换喷嘴时需注意：逆时针（往左）旋转拧紧，顺时针（往右）旋转拧松，如图1.8所示。拧紧时，如很难拧上去，切勿大力强行拧，这样易损伤喷嘴和陶瓷环螺纹。

图 1.8 喷嘴更换示意图

喷嘴根据口径及其规格分为不同的种类，需根据工艺参数的设定来选择合适的喷嘴。

（2）抓取工具

在激光切割加工结束后，工件上还残留切割时的高温，在拿取工件时，需要借助辅助工具隔绝高温。

工件表面温度与厚度之间呈线性关系，厚度增加，温度也会随之升高。

在激光切割过程中，无论是搬运板料还是拿取工件，都必须戴防护手套，这样才能有效地对操作人员起到相应的防护作用；并且防护手套必须是亚麻等材质制作的，如图 1.9 所示。切忌戴丝质手套去触摸工件，这样容易导致二次烧伤，也切忌空手直接触摸刚切割完成的工件。

图 1.9 防护手套

在加工碳钢的时候，拿取工件的最佳抓取工具是磁铁。在加工完成后，可以借助磁铁吸附工件，拿起进行观看或放置。这种方式对于碳钢板材的厚度有一定的要求，若工件的尺寸和厚度太大，便携式的磁吸工具则不能满足使用需求；在大型的生产线加工过程中，会使用大型磁铁吸附式装置进行工件的搬运。

加工不锈钢等其他材质时，在材质厚度较薄的情况下，可以借助防护手套隔绝热传递，为了安全，最好静置一段时间，待工件冷却后再用防护手套尝试性拿取。

（3）游标卡尺

游标卡尺是工业上常用的测量长度的仪器，它由尺身及能在尺身上滑动的游标组成，如图 1.10 所示。激光切割领域涉及各个不同行业，对切割工件有相应的精度要求，在加工结束后，一般需使用游标卡尺进行测量，查看是否需要进行工艺优化。

使用游标卡尺前用软布将量爪擦干净，使其并拢，查看游标和主尺身的零刻度线是否对齐。如果对齐就可以进行测量；如果没有对齐则要记取零误差。游标的零刻度线在尺身零刻度线右侧的叫正零误差，在尺身零刻度线左侧的叫负零误差（这种规定方法与数轴的规定一致，原点以右为正，原点以左为负）。

图 1.10　游标卡尺

测量时，右手拿住尺身，大拇指移动游标，左手拿待测外径（或内径）的物体，使待测物体位于外测量爪之间，与量爪紧紧相贴时，即可读数。当测量零件的外尺寸时，卡尺两侧量面的连线应垂直于被测量表面，不能歪斜。测量时，应先轻轻摇动卡尺，放正垂直位置，否则，测量结果将比实际尺寸大；然后把卡尺的活动量爪张开，使量爪能自由地卡进工件，把零件贴靠在固定量爪上，接着移动尺框，用轻微的压力使活动量爪接触零件。如卡尺带有微动装置，此时可拧紧微动装置上的固定螺钉，再转动调节螺母，使量爪接触零件并读取尺寸。切忌把卡尺的两个量爪调节到接近甚至小于所测尺寸后，再将卡尺强制卡到零件上。这样做会使量爪变形，使卡尺失去原有的精度，或使测量面过早地磨损。

2）工具的维护与保养

在日常生产过程中，对于切割过程中所用的工具要进行相应的维护与保养，保证工具能够安全准确的使用。

（1）喷嘴

喷嘴是在激光切割过程中会更换比较频繁的工具，存放时，喷嘴最好放置在固定的喷嘴存放盒内，如图 1.11 所示。不同类型的喷嘴分开存放，方便在使用过程中拿取和使用。

图 1.11　喷嘴存放盒

在激光切割过程中以及加工完成后，都需要时刻留意喷嘴的头部是否有熔渣等残留物，如图 1.12 所示。在切割过程中如果出现了没切透、爆孔、反渣等情况，要及时检查喷嘴的头部是否有熔渣残留或堵住。如果没有及时清理或者更换，在后续的生产过程中，这会对切割头内部的光学构件造成严重的损伤。

图 1.12　喷嘴头部的熔渣

在清理过程中，需用砂纸或者其他工具去除掉表面的熔渣。如果喷嘴头部的孔已经被严重堵住，需及时进行更换。

在生产的过程中，不合理的参数或者长时间的切割都会导致喷嘴受热过多，从而产生形变，如图 1.13 所示，这种情况下也需要及时更换喷嘴。

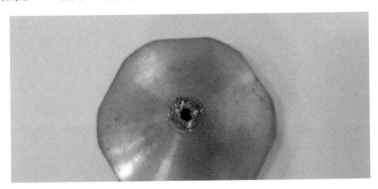

图 1.13　喷嘴受热变形

（2）抓取工具

抓取工具如磁铁在长时间使用后，表面的吸附端会留有细小的铁屑，累计过多后会导致磁性变弱。所以在日常使用结束后可以使用机床上用于喷嘴标定清理的硬毛刷去除磁铁表面吸附的铁屑。

（3）游标卡尺

在使用游标卡尺前，先检查量具检定合格证是否在有效期内，如果没有量具检定合格证该游标卡尺则不能使用。然后将游标卡尺擦干净，检查工件表面是否有锈蚀、碰伤及影响使用质量的缺陷等；尺框移动是否平稳灵活，不应有时松时紧和明显晃动的现象。再轻轻推动尺框使两个量爪合拢，待严密贴合没有明显的漏光间隙时检查零位，这时游标零线与尺身零线、游标尾线与尺身的相应刻线都是对准的，如果不对准应及时送计量部门检修，不得自己随意调整和使用。

测量的力度要适当，过大或过小均会造成测量误差。为保持游标卡尺的精度，并延长其使用寿命，必须正确维护和保养游标卡尺。切忌把卡尺的量爪当作划针、圆规、钩子或螺钉旋具等使用，也不可用卡尺代替卡钳或卡板等使用。游标卡尺受到损伤或量爪的测量面和尺身等表面有毛刺、弯曲、变形等情况，应及时送计量部门检修，检修合格才能使用，不能自行拆修。

测量结束后要把游标卡尺平放，尤其是大尺寸的游标卡尺，否则尺身易弯曲变形。游标卡尺使用完毕后要擦净上油，放在专用盒内，避免生锈或弄脏。

注意：不要将游标卡尺放在强磁场附近（例如：磨床的磁性工作台上），也不要将它和其他工具，如锤子、锉刀、凿子、车刀等放在一起。

任务4　安全生产与实训安全

任务描述

安全是实训教学正常开展的基础，在参加实训之前需要对实训过程的安全知识进行系统的了解，以减少实训期间潜在的安全隐患。

任务实施

1）实训前

①学生必须经过专业培训和授权才能操作激光设备，必须熟悉和掌握激光切割机的结构、性能、调整方法和安全须知。

②严格遵守设备安全操作规程，按规定穿戴好劳动保护用品。

③应除去身上所有反光的物品（如珠宝、金属首饰、手表等），避免激光光束意外折射，对人体造成伤害。

④保持激光切割设备及实训室的整洁有序，加工材料、成品和废料应分类放置。

⑤禁止在激光束附近放置易燃物品，且要将灭火器放在随手可及的地方。

⑥使用气瓶时，应避免压坏电线和激光冷却水管，以免漏水、漏电事故发生。开启气瓶时，操作者应站在瓶嘴侧面。

2）实训过程中

①设备开动时，操作人员及实训指导教师不得擅自离开工作区，以免发生紧急情况时不能及时处理。如确需离开，应当停机或切断电源开关。

②搬运、装卸加工材料时，要严防材料掉落伤人，且要戴防护手套，防止割伤。

③设备通电状态下，不要触摸电气柜内带电的元器件。

④在未得到授权允许的情况下，严禁启动挂有警告牌的电气设备，如图1.14所示。

图1.14　严禁启动挂有警告牌的电气设备

⑤开机后，应手动低速向 X、Y 方向开动机床，检查确认有无异常情况。

⑥激光加工前，先走模拟边框，注意观察机床运行情况，以免切割激光头运行出有效范围发生碰撞，造成事故。

⑦交换工作台前，应确保机床后面的工作台附近没有人员，板料摆放位置没有超出工作台加工区域，以免造成人身伤害或机床损坏。

⑧激光加工时，绝大多数板料都会产生烟雾和颗粒物。如在加工金属时会产生重金属悬浮颗粒，这些颗粒能伤害人体的器官与组织。因此需提前了解被加工材料的性质，以及激光和该材料相互作用后会产生的副产品，评估它们对健康的影响，并采取必要的防护措施。

⑨激光加工实训室的层高应该比普通实训室的高，以确保通风良好。室内需安装强劲的排气、换气装置，如果污染物排放量大，需要安装过滤装置，以免污染大气环境。

⑩激光和金属材料作用后，金属材料会残留大量的热量，不可立即触碰加工后的材料，以防烫伤。

⑪在加工过程中发现异常时，应立即停机，必要时应挂上警示牌，并及时排除故障。

3）实训结束后

①实训结束后，应关掉激光器高压，将速度倍率开关调低至零，以免闲杂人员误操作引起危害。

②实训结束后，应关闭电源，关闭气体阀门，清理工作现场，并对激光切割设备进行日常的保养与维护。

第二部分

案例实训

项目 2

家居建材领域的应用

项目描述

随着社会经济的发展和生活水平的提高，人们对生活必需品和用具也有了更高的要求，不仅要求其结实耐用，还要求其美观。家居建材行业作为与人们日常生活密切相关的行业，近年来也在不断发展。

传统生产中厨具、桌椅的加工主要靠数控冲床设备，然后配合抛光、剪板、折弯等工序完成，加工效率比较低，而且一套能精确冲压成型的模具需要单独设计，不仅不能满足用户的定制需求，成本也较高。而激光切割能够根据用户自身需求进行个性化制作，使厂家有更多的选择，在卖方市场更加具备竞争优势。激光切割在家居建材领域主要有以下几个优势：

1）可个性化定制

对于茶几桌面上的精美雕刻、厨具刀柄的 LOGO 图案或者窗花的镂空设计，都只需要根据个性化的 CAD 图纸，结合编程软件进行简单编程，然后导入机床就能识别并加工，如图 2.1 所示。对于有一定的精度要求的拼装或者焊接件（如桌腿、屏风），激光切割重复定位精度能达到 0.02 mm，完全可满足其精度和定位需求。

图 2.1　激光切割在家居建材行业的应用

2）周期短，材料利用率高

使用传统加工工艺加工家居建材产品需要提前制作几套模具或者切削大量原料，对于单件或者量少的产品来说，这种工艺的生产成本极高，因此定价高，受众群体少。若使用激光切割工艺，从设计图纸到制作出所需数量的产品速度较快，能节约生产工期，缩短了交货周期；少了抛光、剪板等程序，也能减少机器和人工成本。并且一次图案设计终身可重复调用；同时电脑排版能做到最大限度地利用原料。

在家居建材行业中，激光切割可应用于建材（如楼梯围栏、防盗窗）、家具（如桌子、柜子）、厨具（如菜刀、筛网）、个性化装饰等方面。

本项目通过对激光切割在家居建材领域应用的学习，使学生能够掌握激光设备的操作方法，了解基本的程序设计处理、工艺应用和应对实际切割问题的能力。本项目实训以大族 LION3015 光纤激光切割机为例进行学习。

任务 1　展示柜案例实训

任务分析

1）加工要求

毛坯为 800 mm×1 200 mm×2 mm 规格的不锈钢板材。要求激光在板材上加工出如图 2.2 所示的展示柜共两个，其中图案需打标处理，加工完成后不影响下一道折弯工序。

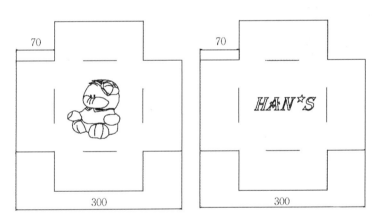

图 2.2　展示柜加工图纸（单位：mm）

2）加工图纸分析

从 CAD 图纸中可以看出，该 CAD 零件图中包含两个零件，且两个零件样式略有区别。其主要区别在于内部的打标区域，第一个是玩偶，第二个是公司 LOGO。样品整体为较规则图形，且最大尺寸为 300 mm×300 mm，两个零件并列在一起也能满足板材的切割尺寸。为了保证材料的利用率，需要注意在编辑程序时考虑引线位置和是否采用共边处理。

3）切割技术指标

要求切割面保留不锈钢材料的本色且下表面无明显毛刺，一般选择氮气作为辅助气体参与切割。为了保证打标位置的准确性，可实行先打标后切割的加工方式。

任务实施

1）CAM 编程

（1）订单创建

一次性处理多个零件时，可以使用套料软件编程。订单创建与零件导入的步骤如下。

步骤 1　打开 AutoNest 软件，进入软件界面，如图 2.3 所示，启用新订单功能。

步骤 2　在新建订单时会弹出"选择机型"对话框，此时需要通过选择机型确定所选机器的型号和生成的 NC 代码后缀名称，如图 2.4 所示。

图 2.3　AutoNest 软件图标　　　　　图 2.4　选择机型

步骤 3　找到目标文件夹，在目标文件夹中输入新订单的名称，如图 2.5 所示，点击"打开"后弹出"建立订单"弹窗。

图 2.5　输入新订单的名称

步骤4　点击"添加零件"选项，弹出"输入文件"对话框，在"导入的根目录"处定位到零件图纸所在具体文件夹，如图2.6～图2.7所示。

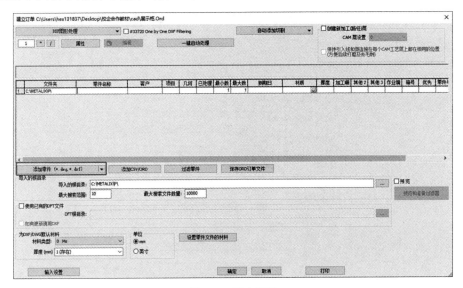

图2.6　建立订单

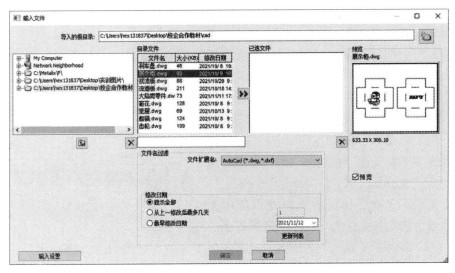

图2.7　输入文件

步骤5　在"目录文件"处双击"展示柜.dwg"后，弹出"已选工件设置"界面，如图2.8所示。

步骤6　在"已选工件设置"界面设置零件数量（注意此处设置的零件数量是图纸的数量）、板材材质（如SUS不锈钢）和板材厚度（2 mm），如果需要添加其他备注信息（客户、项目等），可在相应框内输入，如图2.8所示。

步骤7　点击"确定"后可以回到"输入文件"对话框，看到已选文件选中"展示柜"CAD 图纸，再次点击"确定"，回到"建立订单"界面。

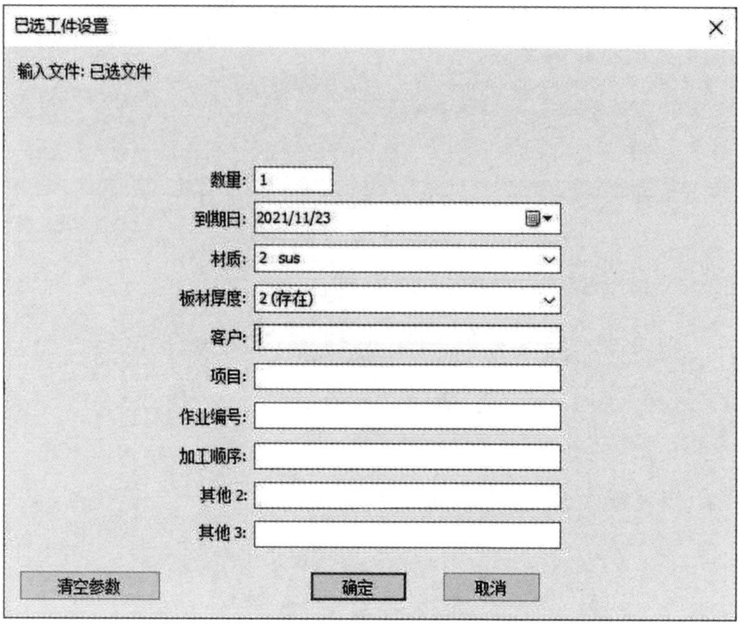

图 2.8　工件设置

步骤 8　导入的 CAD 图纸中不止有一种颜色，其中蓝色和红色图层为打标层，其余为切割层。为了保证每一层的加工不会出现意外的情况（如打标过程中某一段变成切割），需要保证导入图形时图层的颜色和线型不会发生变化，应选择"建立订单"窗口左下角的"输入设置"，确定"颜色转换"功能为"保持颜色和线型"，如图 2.9 所示。

这种区分打标层和切割层的方式适用于 CAD 图纸中包含多种颜色，且打标区域较多的情况。若 CAD 图纸中仅有一种颜色，且某些区域需要设置打标，则具体操作可参考项目 4 任务 1 的船锚案例。

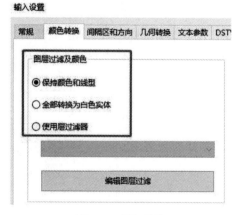

图 2.9　颜色转换

步骤 9　为了充分提高板材的利用率，后续添加工艺路径处可能需要手动拖动零件进行排版，所以两个零件的相对位置不能固定，需分开设置。可在"输入设置"中选择"几何转换"，取消勾选"锁定组合"功能，如图 2.10 所示。若此处勾选了此功能，软件会默认导入的图形是一个不可拆分的图形。

图 2.10　取消勾选"锁定组合"

步骤 10　本零件图纸中包含不同颜色的图层，需特别注意"切割工艺"处是否会对所有线型进行正确的工艺处理，因此在"建立订单"界面选择"自动添加切割"→"切割工艺"，检查切割层和雕刻层的颜色与线型，如图 2.11～图 2.12 所示。在"自动添加切割"页面也可修改零件的数量、材质等。

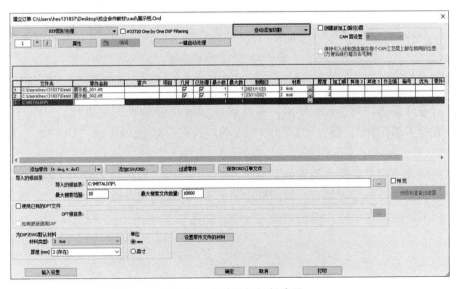

图 2.11　自动添加切割选项

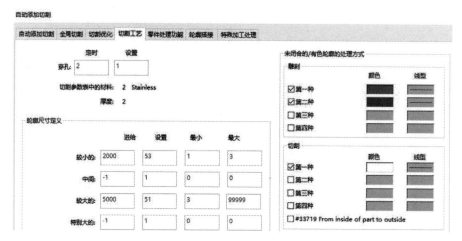

图 2.12　切割和雕刻处理

步骤 11　修改完毕后再使用"建立订单"界面的"一键自动处理"功能。若导入的零件没问题，软件就会自动按照预先的设置进行处理，"已处理"选项自动打钩且处理项变成绿色。若导入零件存在问题，软件也会有相应提示，"已处理"选项自动打叉且处理项变成红色。自动处理完毕后可点击"确定"导入零件，如图 2.13 所示。

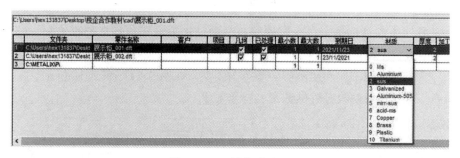

图 2.13　一键自动处理

（2）切割参数设置

导入零件成功后与生成程序前，需要确定切割参数是否需要更改。点击"切割参数"查看相关切割加工工艺，如图 2.14 所示，若需分层处理可在"切割加工工艺表"中设置。

本案例建议切割 1 层的设置如下：轮廓最小值为 3，轮廓最大值为 9 999；

建议切割 2 层的设置如下：轮廓最小值为 1，轮廓的最大值为 3。

此时不需要选择单位，单位默认为 mm，如图 2.15 所示。

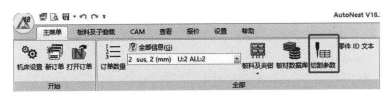

图 2.14 切割参数

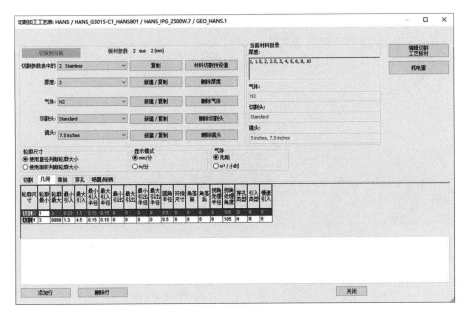

图 2.15 切割加工工艺表

（3）板料及夹钳设置

设置好所需参数后，需要设置排版的板材大小以及排版零件的留边距离等参数。若初始板材尺寸过大，可使用"板料及夹钳"功能修改尺寸。由于毛坯材料较大且需要切割的零件占用较多材料，为了保证加工时切割边缘的质量，可以选择把"偏置"的各项都设置为 10 mm。切割板材大小设置为"板材设置＝零件＋偏置"，如图 2.16 所示。

（4）全部信息设置

板料及夹钳设置完成后，在自动套料的过程中，需要设定零件之间的间距。为了节省材料，提高加工效率，对于规则轮廓可以使用共边功能。点击"主菜单"功能栏里面的"全部信息"，因为本次实训工件需要采用"共边"，因此需要在"共边切割间隙"框处点击"设置共边切割间隙"，其余参数与选项保持软件默认，如图 2.17 所示。

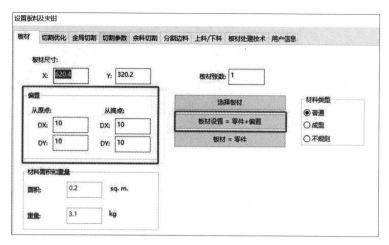

图 2.16　板料及夹钳

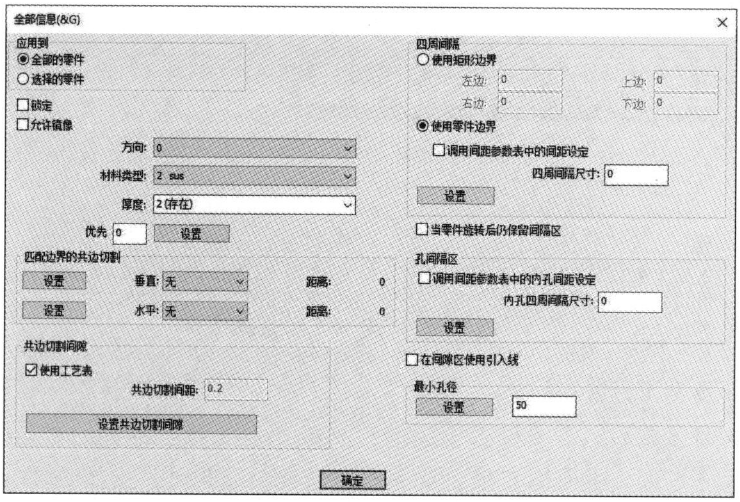

图 2.17　全部信息界面

　　共边还有另一种使用方式，在软件界面的左边功能框内同时勾选"生成共边"和"使用共边间隙"两个选项，勾选后再手动拖动零件使其贴合，如图 2.18 所示。手动共边后，共边区域的颜色会发生变化，同时只生成一个加工区域，如图 2.19 所示。

图 2.18　共边选项

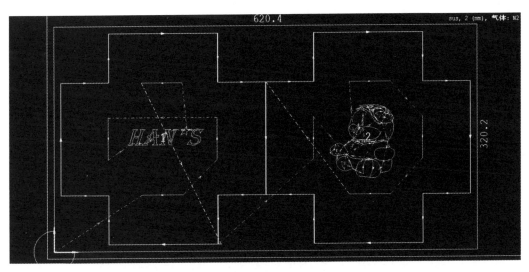

图 2.19　共边后

（5）设置自动套裁

共边设置完成后使用"自动套裁"功能将零件自动排版，自动套裁界面可以根据实际需要设置套裁的方向（左→右或者下→上），还可以根据实际需要选择"实际形状最快""实际形状最合适"以及"实际形状不计时间"三种套裁方式。

本案例相关设置、具体操作步骤如下。

步骤 1　点击"主菜单"工具栏或"板料及子套裁"工具栏中的"自动套裁"，此时会弹出如图 2.20 所示的窗口。

步骤 2　在"自动套裁"弹窗中找到"自动套裁方向"，原点设置为"左下角"，方向设置为"左→右"，"偏置"的各项均设置为 10 mm。

步骤 3　自动套裁模式可选择"矩形"和"按面积"的处理方式。

步骤 4　确认已勾选"使用共边间隙"和"删除当前全部子套裁"后，点击"运行"完成自动套裁设置。

呈现的板材和零件比例最佳效果如图 2.19 所示。若板材尺寸依旧过大，再次使用板料及夹钳功能即可。此处也可根据实际板材的需求修改零件偏置。

由于本案例的工件数量较少且形状单一，左上角自动套裁模式可选择"矩形"和"按面积"的处理方式，代表默认用节省面积的方式排版。若是遇到较多的复杂的工件同时排版，为了充分节省板材成本，可选择"高级自动套裁"，如图 2.20 所示，此时软件会自动计算可能更合理的切割路径。

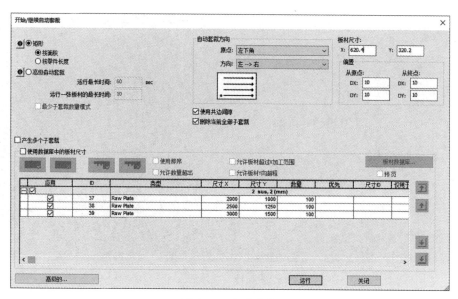

图 2.20　自动套裁

（6）NC 程序输出

若自动套裁后加工路径整体无太大缺陷，可尝试生成 NC 代码查看模拟加工路径，如图 2.21 所示。

点击"生成子套裁 NC 程序"时弹出"已存在共边加工，需要重新创建吗？"的对话框，如图 2.22 所示。左边选项为"Keep Current Common Cuts"（保持当前切割），右边选项为"Regenerate Common Cuts"（重建当前切割）。若选择右边的"Regenerate Common Cuts"，可重新设置切割的相关工艺。由于本案例零件图形较为规则，需要注意打标位置的准确性。为了明确加工路径是先打标后切割，应选择"重建当前切割"。

图 2.21　NC 程序

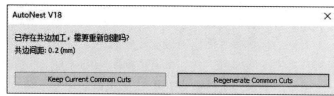

图 2.22　是否重建切割

选择"重建当前切割"后，会弹出如图 2.23 所示的"自动添加切割"对话框，此时注意"切割优化"栏目下的"先打标再切割"勾选"全部板材"，然后点击"运行"。是否选择先打标全部板材则需要依据情况而定，如图 2.24 所示。全部打标再切割会最大程度保证打标位置的准确性，而打标一个零件就开始切割可以在节省加工时间（减少切割头空跑距离）的同时，方便随时停止加工查看切割质量。

本案例只有两个工件，可以在"先打标再切割"选择"全部板材"，确认无误后，点击“运行”继续 NC 程序输出环节。

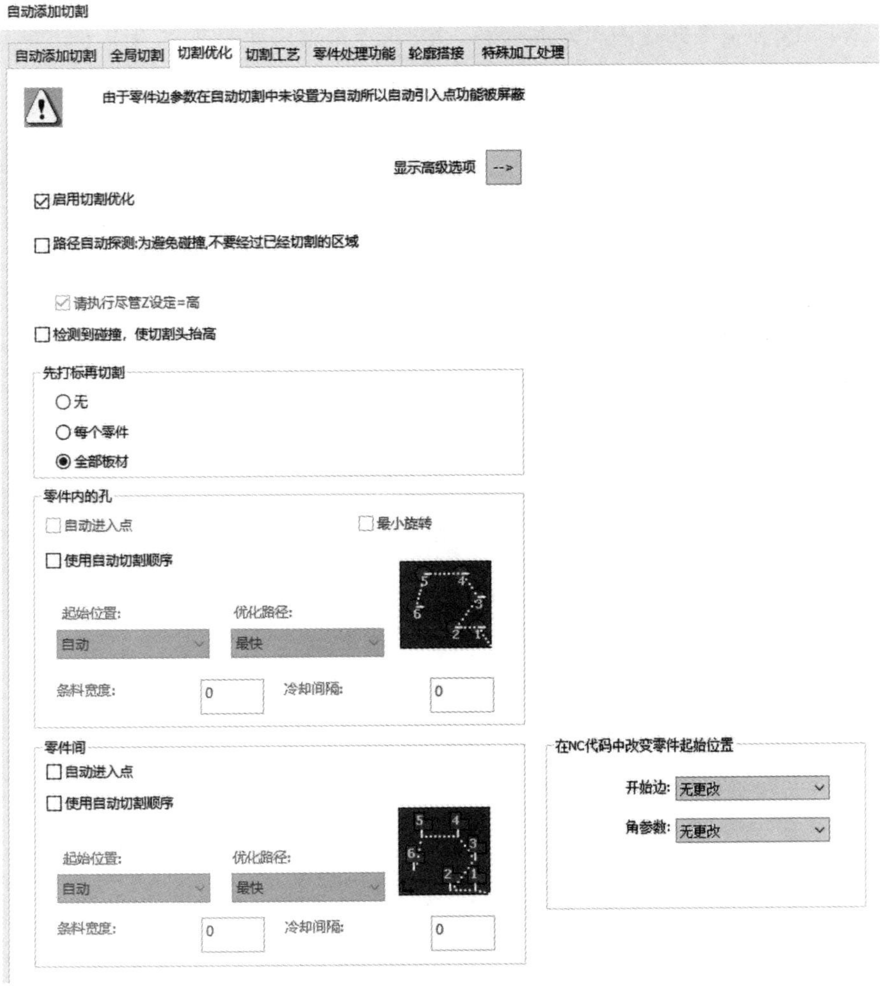

图 2.23　自动添加切割

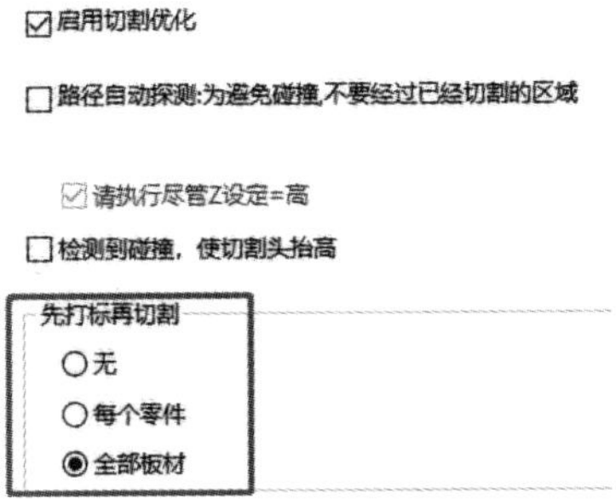

图 2.24　先打标再切割

为防止因操作失误导致的意外情况，需要在输出程序前进行模拟切割，操作步骤如下：

步骤 1　在弹窗中连续四次点击"下一步"，直至弹出如图 2.25 所示的"程序生成器选项"。

步骤 2　在"程序生成器选项"弹窗中勾选"NC 代码生成后，运行程序模拟器"。

步骤 3　勾选"如果引入线破坏工件则提示警告"，确保在出现问题时能够及时发现。

步骤 4　点击"完成"，开始生成程序。

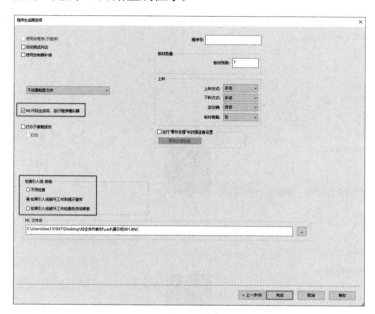

图 2.25　程序生成器选项

步骤 5　程序生成完成后会有如图 2.26 所示的弹窗提示，点击"确定"后弹出程序模拟显示界面。

（7）程序模拟

NC 程序输出完成后会弹出如图 2.27 所示的模拟器界面，中间为工件激光切割路径演示，右侧为工件输出程序，上方工具栏为模拟工具，可以在此界面检查切割路径是否合适。

点击"运行"或者按"F9"快捷键，在模拟器界面观察切割路径，初步判断程序的合理性。通过控制速度倍率，可以对工件切割的路径轨迹进行检查，确认无误即可保存并发送。如果在检查程序的过程中发现有错误可及时返回自动切割界面进行修改，或手动在右侧程序显示框进行手动程序修改。

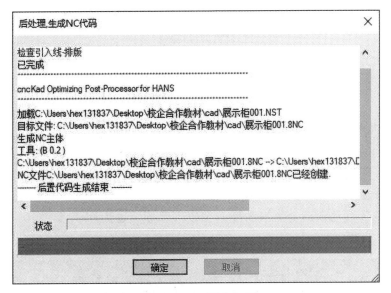

图 2.26　NC 程序完成

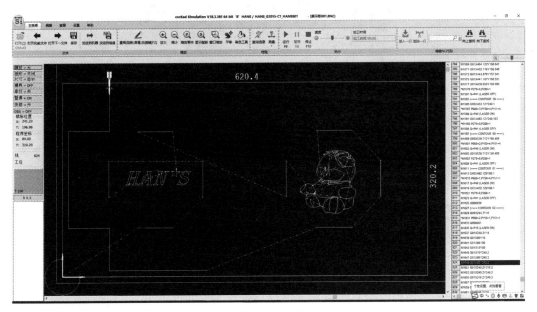

图 2.27　模拟器界面

（8）程序上传

NC 程序确认无误后，点击"发送到机器"或"发送到磁盘"，将工件程序上传至机床，或者通过外部存储设备将程序文件导入机床，如图 2.28 所示。

图 2.28　程序导出路径

2）设备操作

可被识别的程序导入机床后即可开始切割的相关操作，操作机床时务必注意人员的安全防范。切割前注意冷水机是否开启，激光器是否已上高压，抽风系统是否正常。

（1）喷嘴更换

先把切割头移动到适合更换喷嘴的位置（服务位置），lion 型号机器为"返回标记"，如图 2.29 所示。

图 2.29　返回标记

根据工件加工要求，判断加工的材料为 2 mm 规格的不锈钢，切割辅助气体为氮气。可根据板材材质和辅助切割气体选择对应喷嘴型号。若是对喷嘴型号不熟悉，可去工艺界面查看参数信息，并根据提示更换相应的喷嘴，如图 2.30 所示。本案例可使用 D2.0C 喷嘴。

图 2.30　工艺名称

（2）气体测试

换好喷嘴后，从"服务"功能处选择"气体测试"按钮进行气体测试。因为选择的辅助气体是氮气，所以需要测试氮气压力是否达到切割要求，以及排空机床内上次切割使用的气体，防止气体不纯影响切割效果。氮气连接的是高压管道，建议设置8 bar（800 kPa），放气2～3 s即可。若切割时使用的辅助气体是其他类型，气体测试时低压气体可设置2 bar（200 kPa），高压气体可设置8 bar（800 kPa）。

高压气体一般为空气、氮气，有些激光切割设备的高压气路是没有经过比例阀控制的，在软件界面不能直接控制高压气体的压力大小，这时需要检查机床侧面的"高压减压阀"，如图2.30，上面所显示的压力就为实际切割过程使用的高压气体压力。

具体操作步骤为："服务"（见图2.31）→"气体测试"（见图2.32）→"高压气"（见图2.33）→输入数值后，按回车键→"气体打开"。

图2.30　气体控制阀

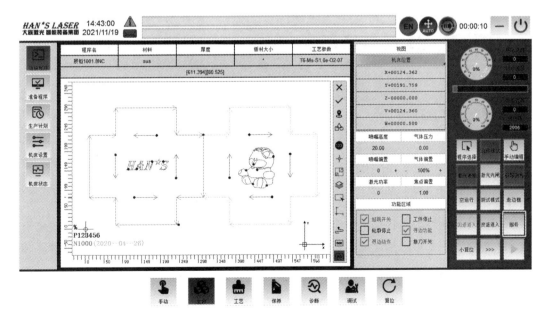

图2.31　生产界面

图 2.32　气体测试

图 2.33　高压气

（3）同轴调校

为了保证零件的四个切割面都是一样的切割效果，在进行激光切割前以及每次更换喷嘴后，要确认激光光路是否在切割喷嘴的正中心。如果同轴偏离，会影响切割同一个工件时不同方向的切割效果，导致精度出现问题甚至出现工件切割不透或表面粗糙挂渣等现象。

具体操作步骤为：将透明胶带放置在切割喷嘴下方→"服务"→"同轴调校"→输入数值（功率为 500 W，时间为 50 ms）→"确定"→点击启动按钮。

将透明胶带放置在切割喷嘴下方，点击生产界面"服务"功能中心"同轴调校"选项，如图 2.34 所示，点击"启动"并关闭激光。等待机床出光动作结束后，拿起透明胶带面向光亮处，查看光点是否打在喷嘴中心位置，即确定同轴是否有偏差，如有偏离（偏差）则调节切割头上的旋钮，进行校正。重复上述操作，直至同轴无偏差。以 3 000 W 激光器为例，同轴调校功率和时间设定如图 2.35 所示。

图 2.34　同轴调校

图 2.35　同轴功率

（4）切割头标定

标定操作是为了让机床确认切割头到板材的距离，避免切割过程中切割头抖动或者撞板。将切割头的准备工作做完后，要对切割头重新进行"标定"。因不同喷嘴的大小规格不同，更换切割喷嘴后，如果不进行标定很容易出现喷嘴在切割过程中碰撞板材导致报警的情况。

标定分为两种，一种是"清刷标定"，另一种是"板面标定"，二者操作方式略有区别，任选其一即可。标定前需将切割头移动到板材上方 10 mm 左右，然后将速率倍率调到 100%，如图 2.36 所示。

图 2.36 速度倍率按钮

具体操作步骤为："服务"→"随动标定"（见图 2.37）→"板面标定"（见图 2.38）→"启动"。标定完成后会生成一条标定曲线，如图 2.39 所示。

图 2.37 随动标定

图 2.38 板面标定

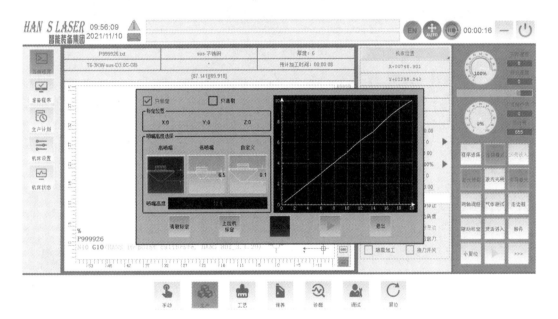

图 2.39 标定曲线

前面四个步骤是切割前的准备步骤，全部完成后再切换到手动界面将切割头手动移动到板材上方合适位置开始加工步骤。

（5）程序选择

从机床界面中选择要加工的程序，在"生产"界面点击"当前程序"，如图 2.40 所示，选择编辑好的工件程序，加载工件程序完成后，会弹至"生产"界面。

图 2.40 程序选择

（6）工艺参数选择

根据此次加工需要的板材材质和辅助气体选择对应的工艺。从程序显示上不难看出，加工过程中除了需要切割外，还有一层打标层。所以在选择工艺参数时应先注意打标层参数是否完整。根据颜色可区分加工区域，其中绿色路径为切割一层，红色路径为打标层。这里所说的"打标"即为设备操作面板中显示的"标刻"工艺。

工艺参数文件会用一定的规则命名，界面上的参数是可以实时修改的。如果需要修改，切勿覆盖原有参数，防止原始参数丢失造成损失。

选择此工艺参数的具体操作步骤为："工艺" → "选择参数" → "SUS" → "ALL"。

本任务的工艺参数名称：3 KW-T2-SUS-D2.0C-N2-07，如图 2.41 所示。

其命名规则如下：

3 KW：使用的功率为 3 kW；

T2：板材厚度为 2 mm；

SUS：使用的材料是碳钢；

D2.0C：使用的喷嘴是 D2.0C；

图 2.41 工艺参数名称

N2：切割辅助气体是氮气；

07：文件备注是 07，代表此工艺文件是单独备注的。

如果担心工艺参数的稳定性，也可以先选择一个小的工件试切，进行首件必检的程序操作，确定加工效果良好后再选择目标程序。小工件的程序可以在机床内部选择，也可以自行编辑。一般来说，为了保证加工质量，节约材料，都会有此工序。

（7）寻边设置

由于提供的毛坯板材较大，实际摆放到加工位置时可能会导致板材角度略有偏差。为了弥补角度偏差问题，可在生产界面中开启"寻边"功能，确保机床在切割运行时能够自动确定板材位置，从而准确切割。

寻边方式一共有两种可供选择："当前位置寻边"和"3 点寻边"，如图 2.42 所示。"当前位置寻边"需要把切割头移动到待切割板材上方，"3 点寻边"只需提前将寻边的起点设定而不需要手动移动切割头，寻边方式根据自己实际情况进行选择即可，如图 2.43 所示。选用"3 点寻边"或者"当前位置寻边"，让机床在开始切割前先计算板材的偏置角度，保证零件和板材的相对位置。需要注意的是，如果使用的板材是非正规的矩形板材或者已经被切割过的板材，应选用"当前位置寻边"或者"3 点寻边"，需注意选用"3 点寻边"时要设置 X 寻边范围或 Y 寻边范围。

具体操作步骤为："生产"→"机床设置"→开启"寻边功能"→开启"寻边动作"→开启"当前位置寻边"。注意此时不用点击"启动"。

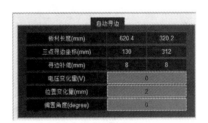

图 2.42　寻边功能　　　　图 2.43　设置"3 点寻边"坐标

注意事项：

①若只开启寻边功能未开启寻边动作，切割头寻边的动作不会激活且会使用上次寻边得到的偏置角度。此操作常用在加工中断返回功能中。

②如果考虑使用此功能，务必在编程时加上零件偏置。

③寻边过程中，请勿改变机床速度倍率。

④寻边时切割头必须在板材上方。

⑤寻边时板材内部必须完整。

（8）走边框

在进行切割前为确保板材有足够的空间可以进行工件的切割，需要先进行走边框操作，查看工件的切割范围是否受限。将切割头移动至板材对应切割位置，打开"生产"界面，选择"走边框"，启动后观察切割头移动轨迹是否在板材上，是否有充足空间进行切割。如图 2.44 所示，"走边框"按钮点亮即代表开启此功能。点击"启动"，开始走边框后，切割头沿 NC 程序最小的包含外边框的范围运行一周，进入 M00 暂停状态。只要"引导激光"一直处于开启状态，就可以自行观察加工位置是否充裕。因为已经开启"寻边动作"和"走边框"，切割头会先开始寻边，寻边完成后才开始进行走边框。

（9）开光切割

当机床界面显示中的"引导激光"按钮点亮时，引导激光开启，切割头出红光；当机床界面显示中的"激光光闸"按钮点亮时，激光光闸开启，切割头可正常出光切割。"引导激光"和"激光光闸"二者互锁。

切割前准备工作完成且确认无误后开始进行开光切割。在开始前要先关闭激光防护安全门，一方面保护眼睛，另一方面防止切割过程中产生的火花飞溅造成物品损坏或人身安全。关闭防护安全门后，开启"激光光闸"，如图 2.45 所示，将激光速度倍率设置到 100%，打开操作面板上的"NC START"按钮，点击"启动"即可开始切割。在激光切割过程中，手指应放置在急停按键上，一旦出现意外情况应立即按下"急停"按键，及时暂停，将损害降至最低。

图 2.44　激活"走边框"

图 2.45　激光光闸

3）切割成品展示

激光加工后的展示柜整体如图 2.46 所示，需打标的区域已标刻处理，用手指触摸会有向下凹陷的感觉；打标位置易分辨；切割区域整体无毛刺，断面光亮。

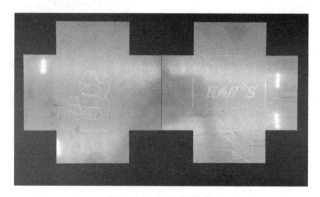

图 2.46　展示柜整体

所有转角区域无烧黑或者挂渣现象，下表面平整，如图 2.47 所示。

图 2.47　转角

任务 2　窗花案例实训

任务分析

1）加工要求

毛坯为 500 mm×500 mm×6 mm 规格的碳钢板材。要求激光在板材上切割出如图 2.48 所示的窗花，工件后加工要求为可喷漆处理。

图 2.48　窗花加工图纸（单位：mm）

2）加工图纸分析

从 CAD 图纸可以看出，该单个窗花装饰品为不规则复杂图形，且最大尺寸不超过 300 mm×200 mm，板材大小完全满足切割尺寸。为了保证窗花的平整和美观程度，需要注意在编辑程序时考虑好引线的位置。

3）切割技术指标

要求切割面均匀平整且无明显毛刺，选择氧气作为辅助气体参与切割。

任务实施

1）CAM 编程

（1）零件导入

此处只需加工一个零件，可以使用 cncKad 软件编程。零件导入的过程步骤如下。

步骤 1　启动 cncKad 软件，进入主界面，如图 2.49 所示。

步骤 2　点击"导入"，进入"输入文件"界面，从"目录文件"中找到待加工的零件图纸，如图 2.50 所示。

图 2.49　cncKad 软件图标

图 2.50　导入

步骤 3　勾选"预览"查看零件图纸，如图 2.51 所示。在右侧的预览窗可以看到零件的轮廓图形，在正常生产过程中零件图纸会比较多，可以通过命名及预览来确定所要加工的零件图纸。

步骤 4　软件的默认单位为"mm"，如有需求更换，可在如图 2.51 所示的导入界面更换为"英寸"。本次加工单位默认为"mm"。

步骤 5　确认单位正确后点击"确定"导入零件，如图 2.51 所示。

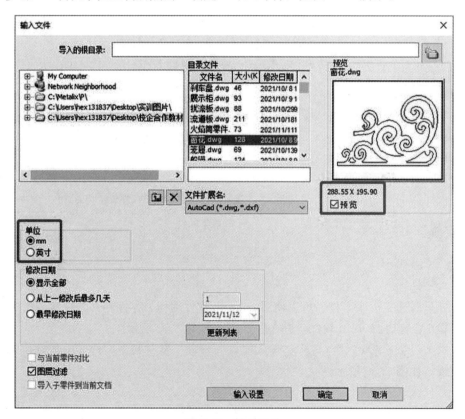

图 2.51　输入文件

步骤 6　确定零件图纸后，下一步选择对应的机器型号，如图 2.52 所示。不同的机床在编程时所用到的后置程序是有所不同的，因此要确定好将要进行切割加工的机型，以免后续程序读取出现问题。

图 2.52　选择机型

步骤 7　机型选择完成后会弹出"图层过滤"界面，此处可以选择是否导入 CAD 图纸中的文本，如图 2.53 所示。取消勾选文本导入后，点击"确定"，弹出"新建零件"窗口。

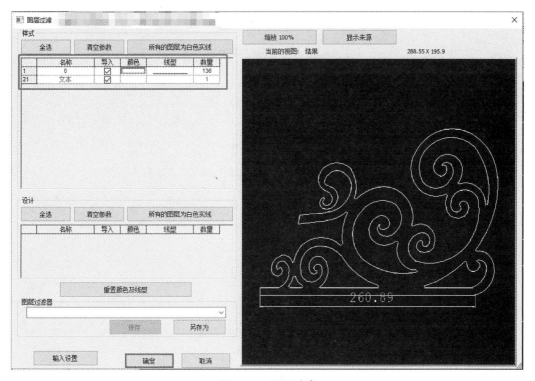

图 2.53　图层过滤

步骤 8　在"新建零件"界面，输入文件名称并保存至专用文件夹，然后点击"保存"即可，如图 2.54 所示。

步骤 9　保存文件后会弹出如 2.53 所示的"导入零件"界面，选择需要的板材材质（Ms 碳钢）和厚度（6 mm），确认导入的零件的文件位置和工艺参数是否正确后，点击"确定",完成导入,如图 2.55 所示。

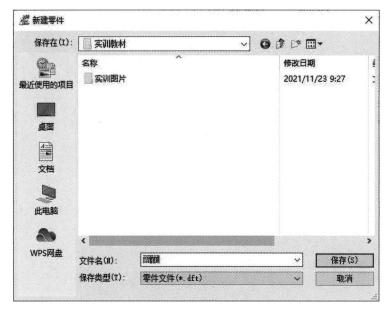

图 2.54　新建零件

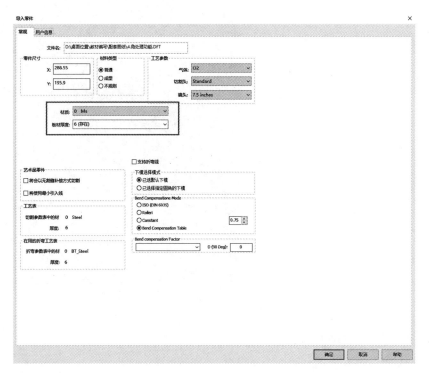

图 2.55　导入零件

（2）零件检查

导入零件后若需要修改机型，可在界面左侧"机器"处修改，如图 2.56 所示。再使用图形检查功能确定绘制的 CAD 图纸是否存在缺陷，若存在缺陷，软件会有相应提示，具体操作步骤如下。

图 2.56　修改机型

步骤 1　点击软件上方工具栏"检查"功能，弹出如图 2.57 所示的窗口，一般为默认参数，如有特殊需求，可在后面更改凸度、公差等参数，点击"确定"开始检查，如图 2.57 所示。

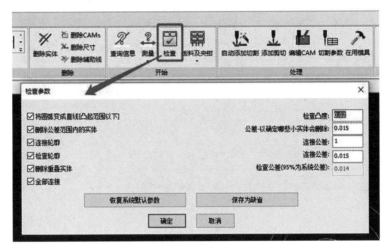

图 2.57　检查功能

步骤 2　当检查到存在问题时，会弹出如图 2.58 所示的检查轮廓的提示窗口，若没有问题可以进行下一步操作。

图 2.58　检查轮廓

（3）切割参数设置

在生成程序前，要确定切割参数是否需要更改。在工具栏选择"切割参数"功能，设置如图 2.59 所示的切割参数表。表中共有三层切割层，可根据面积或直径选择分配不同轮廓的切割层。由于待加工板材的厚度为 10 mm，且内部轮廓和外部轮廓相差较大，工艺要求较高，在进行加工切割时进行分层处理有利于提高零件质量，确保加工工件的内轮廓形状精度达到要求。除了切割层的轮廓参数需要修改以外，其他数据暂时不做更改。

建议切割 3 层的设置如下：轮廓最小值为 0，轮廓最大值为 5；

建议切割 2 层的设置如下：轮廓最小值为 5，轮廓最大值为 10；

建议切割 1 层的设置如下：轮廓最小值为 10，轮廓最大值为 9 999。

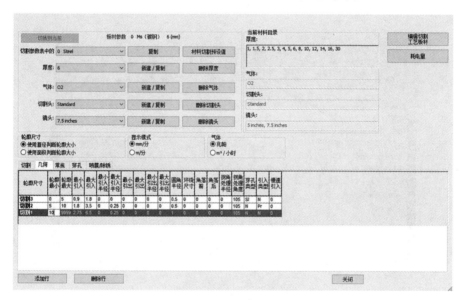

图 2.59　切割参数界面

（4）自动添加切割

设置好所需参数后，对加工工件的切割路径进行编辑。打开"自动添加切割"界面，在此处可以选择修改切割方向等功能，如图 2.60 所示。本案例选择顺时针方向，软件将自动生成一条切割路径，再根据实际需求决定是否修改自动切割的路径方式，如图 2.61 所示。

要做到切割面均匀平整，需要考虑引线位置是否合适。切割路径生成后，先观察引线位置是否超出板材，再看每个轮廓的引线是否合适，最后根据实际需求修改引线位置和方式。

本案例使用氧气辅助切割碳钢板，为了防止起刀和收刀对断面产生太大影响，引线的位置和进入方式必须谨慎选择。可以优先把引线放置在尖角或者直线部分，引线的位置和长度修改需要使用"CAM"功能。选择"CAM"→"修改轮廓引入点"，再

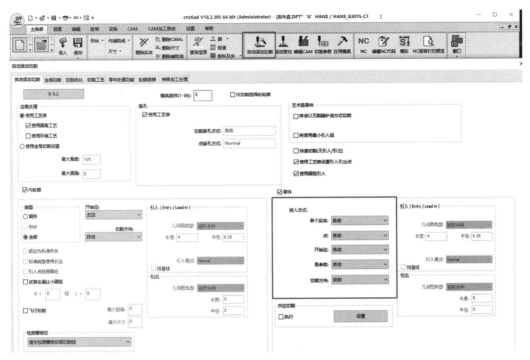

图 2.60　自动添加切割

图 2.61　自动添加切割路径

使用鼠标点击直角或尖角或开阔位置即可。

若没有尖角或直线位置可选择，还可以右击引线，选择"编辑 CAM"功能，在如图 2.62 所示的"编辑轮廓切割"弹窗中使用"圆弧 90°"引入。本案例建议设置"圆弧引入"时将引线长度设为 6.5，半径设为 0.25，且取消勾选"使用工艺表设置引入引出点"，如图 2.62 所示。

如图 2.63 所示，修改引线方式后可明显看出，部分引线位置更合理，圆弧部分的

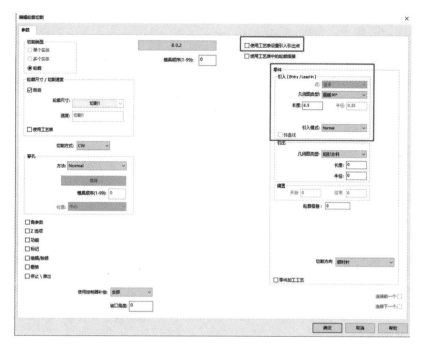

图 2.62 设置引入线方式

图 2.63 修改引线方式后

引线的进入方式由矩形余料换成圆弧 90°，降低了起刀和收刀对断面的影响。

（5）板料及夹钳设置

检查完毕后根据实际切割偏置需求修改零件的板材尺寸。由于只需要切割一件材料，所以原点方向偏置可以设为 5 mm。若想极限节省板材，偏置可设为 0 mm。偏置设置完成后再选择"板材设置＝零件＋偏置"，整个板材的尺寸就会发生相应变化，如图 2.64～图 2.65 所示。此处零件偏置的含义是零件到板材边缘的距离。

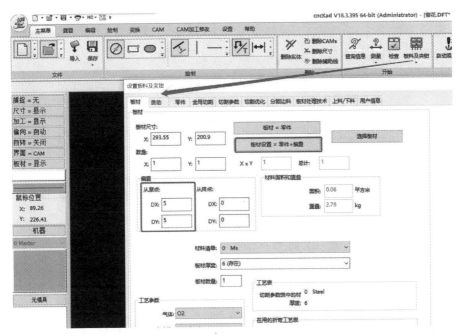

图 2.64　板料及夹钳设置

图 2.65　板料及夹钳设置后

（6）NC 程序输出

切割方向和引线方式不是固定的，可根据实际需求决定，添加路径并修改好这两项技术参数后，再输出 NC 程序。

因为自动添加切割中的切割方向和引线方式均已修改，所以应注意在"切割优化"中取消勾选"启用切割优化"，否则设置的手动路径将会被删除。

具体操作步骤如下：在工具栏中选择"NC"，连续点击"下一步"，直至弹出图

2.66所示的"切割优化"界面，取消勾选"启用切割优化"；再连续点击"下一步"，直至弹出图2.67所示的"程序生成器选项"界面，在"检查引入线-排版"栏勾选"如果引入线破坏工件则提示警告"，然后点击"完成""确定"。

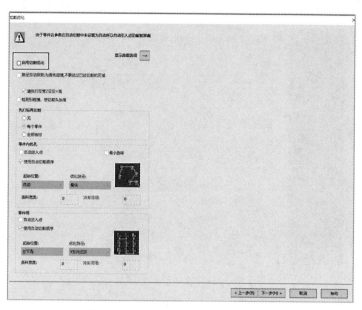

图2.66　取消勾选"启用切割优化"

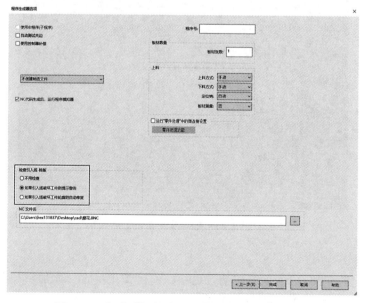

图2.67　勾选"如果引入线破坏工件则提示警告"

（7）程序模拟

NC 程序输出完成后会弹出如图 2.68 所示的模拟器界面，中间为工件激光切割路径演示，右侧为工件输出程序，上方工具栏为模拟工具，可以在此界面检查切割路径是否合适。

图 2.68　模拟切割路径

点击"运行"或者按"F9"快捷键，在模拟器界面模拟观察切割路径，初步判断程序的合理性。通过控制速度倍率，可以对工件切割的路径轨迹进行检查，确认无误即可保存并发送。如果在检查程序的过程中发现有错误可及时返回自动切割界面进行修改，或在右侧程序显示框进行手动程序修改。

（8）程序上传

NC 程序确认无误后，点击"发送到机器"或"发送到磁盘"，将工件程序上传至机床，或者通过外部存储设备将程序文件导入机床后，即可开始进行切割。

2）设备操作

（1）喷嘴更换

确定加工的材料为 6 mm 规格的碳钢，切割辅助气体为氧气。选择对应喷嘴，将切割头移动到合适位置更换喷嘴。此处案例建议使用 S1.0e 喷嘴，如图 2.69 所示。

图 2.69　工艺参数名称

（2）气体测试

换好喷嘴后，开始进行气体测试。氧气连接的是低压气管道，通过"气体测试"选项选择"低压气"并输入数值开始放气，如图 2.70 所示。

图 2.70　低压气

（3）同轴调校

具体操作参考项目 2 任务 1 的展示柜案例。使用氧气切割的喷嘴内径一般较小，激光同轴度对切割效果的影响很大，因此使用氧气做辅助气体时，在每次更换喷嘴后，都需要进行一次同轴调校的操作。

（4）切割头标定

具体操作步骤为："服务"→"随动标定"（见图 2.71）→"板面标定"（见图 2.72）→"启动"。若机床加工区域无铜刷和标定块，不能使用"清刷标定"功能。

图 2.71　随动标定

图 2.72　板面标定

（5）程序选择

选择本次案例需要加工的工件程序，具体操作参考项目 2 任务 1 的展示柜案例。

（6）工艺参数选择

打开"工艺"界面，选择符合该工件材质的工艺参数，点击"应用"，如图 2.73 所示。此时选择的工艺参数名称为：T6-Ms-S1.0e-O2-07。

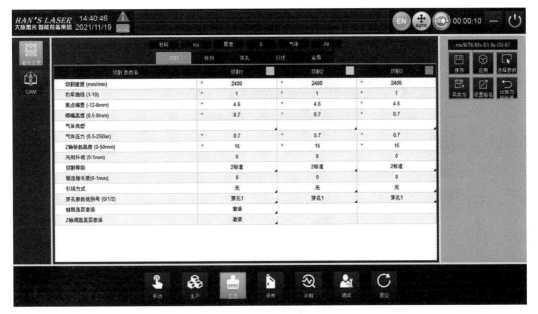

图 2.73 工艺应用

（7）寻边设置

打开"生产"界面，点击左侧的"机床设置"，开启"寻边功能""寻边动作"。确保机床在切割运行时能够自动确定板材位置，保证工件的切割位置。寻边有多种方式，本次操作选择"当前位置寻边"，如图 2.74 所示。

图 2.74 寻边功能

（8）走边框

使用"走边框"功能，确定工件的加工范围，具体操作参考项目 2 任务 1 的展示柜案例。

（9）开光切割

开启激光，点击"启动"即可开始切割。具体操作参考项目 2 任务 1 的展示柜案例。

3）切割成品展示

激光切割加工后的窗花整体如图 2.75 所示，整体结构完整，切割面光滑且发黑。

图 2.75　窗花整体

拐角处无熔损现象，断面引线处未发生异常凸起，窗花细节如图 2.76～图 2.77
所示。

图 2.76　窗花拐角处

图 2.77　引线细节

任务 3 笼屉案例实训

任务分析

1) 加工要求

毛坯为 800 mm×1 200 mm×1 mm 规格的不锈钢板材。要求激光在板材上切割出如图 2.78 所示的筛网 4 个，工件要求不能变形。

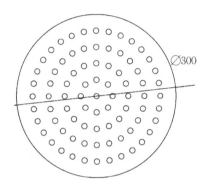

图 2.78 笼屉加工图纸（单位：mm）

2) 加工图纸分析

从 CAD 图纸可以看出，单个筛网样品整体为圆形，且工件内部包含多个简单轮廓。若每个轮廓全部设置足够的引线，将会极大程度降低加工效率。尺寸方面，毛坯完全能满足切割多个筛网的需求。此外，由于某些较小的轮廓完全不适合后续打磨处理，因此必须要实现无渣切割。

3) 切割技术指标

要求切割工件小轮廓部分必须无渣，工件切割出来无变形，板材选用 1 mm 厚度，选择氮气作为辅助气体参与切割。为了保证加工效率，编程时使用飞切功能减少切割头空程运行轨迹。

任务实施

1) CAM 编程

（1）零件导入

此处一共只需加工 4 个零件，且都是圆形，不方便采用共边切割的方式。启动cncKad 软件，进入主界面，如图 2.79 所示。

图 2.79　cncKad 软件图标

按照零件导入的步骤，选择相应的机器后置文件，处理好相应的图层信息，创建新的程序文件。若不想把标注也导入软件，可提前取消勾选文本导入，如图 2.80 所示，文本在里面并不会影响实际编程。若导入时有多个图层，也可根据实际需求决定是否一起导入。

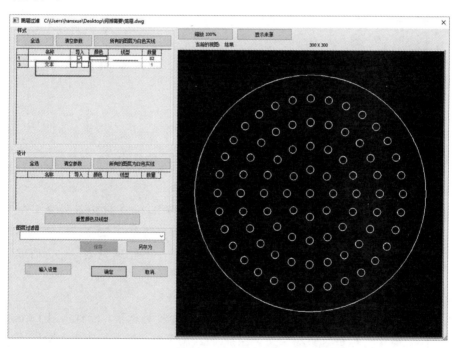

图 2.80　是否导入文本

在导入零件窗口选择需要的板材材质（SUS 不锈钢）和厚度（1 mm），确认导入的零件的文件位置和工艺参数是否正确，并注意工艺参数处气体修改为"N2（氮气）"，如图 2.81 所示。

图 2.81 导入零件

（2）零件检查

在导入零件并选择好相应机器型号后，通过检查功能对零件的 CAD 图纸进行检查校对，查看是否存在缺陷。如图 2.82 所示，可以根据实际应用更改凸度、公差等校对参数，软件检查到图纸与校对参数不符的地方时会自动修改图纸。

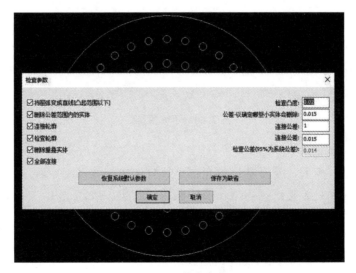

图 2.82 检查参数

（3）切割参数设置

在工具栏选择"切割参数"功能，在切割参数表的"几何"中设置切割层。板材厚度较薄，仅为1 mm，为了提升加工效率，可以不设引线，据此分析可在表内设置默认引线长度为0。本案例无特殊的复杂轮廓，可以将所有轮廓放到同一层加工处理。下面提供两种处理方法，任选一种即可。

方法1：

建议切割3层的设置如下：轮廓最小值为0，轮廓最大值为5，其他不做更改；

建议切割2层的设置如下：轮廓最小值为5，轮廓最大值为9，其他不做更改；

建议切割1层的设置如下：轮廓最小值为9，轮廓最大值为9 999，最小引入值为0，最大引入值为0，其他可不做更改；

最终切割层参数显示如图2.83所示。

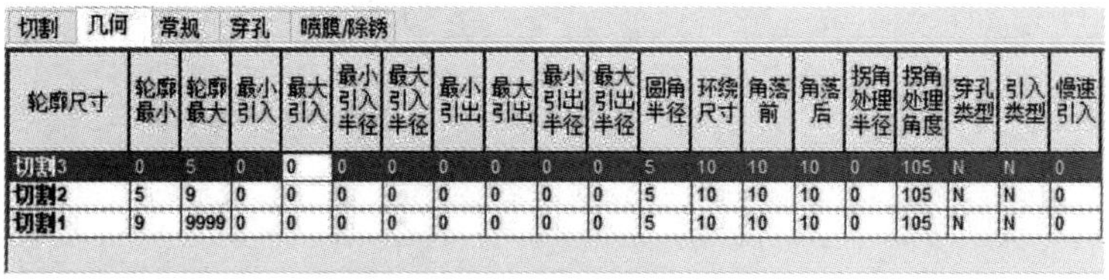

切割	几何	常规	穿孔	喷膜/除锈															
轮廓尺寸	轮廓最小	轮廓最大	最小引入	最大引入	最小引入半径	最大引入半径	最小引出	最大引出	最小引出半径	最大引出半径	圆角半径	环绕尺寸	角落前	角落后	拐角处理半径	拐角处理角度	穿孔类型	引入类型	慢速引入
切割3	0	5	0	0	0	0	0	0	0	0	5	10	10	10	0	105	N	N	0
切割2	5	9	0	0	0	0	0	0	0	0	5	10	10	10	0	105	N	N	0
切割1	9	9999	0	0	0	0	0	0	0	0	5	10	10	10	0	105	N	N	0

图2.83　修改切割层参数

方法2：

使用"删除行"功能，选中"切割2"和"切割3"，将这两层切割层删除，再设置"切割1"参数数据。

建议切割1层的设置如下：轮廓最小值为0，轮廓最大值为9 999，最小引入值为0，最大引入值为0，其他可不做更改。最终不分层参数显示如图2.84所示。

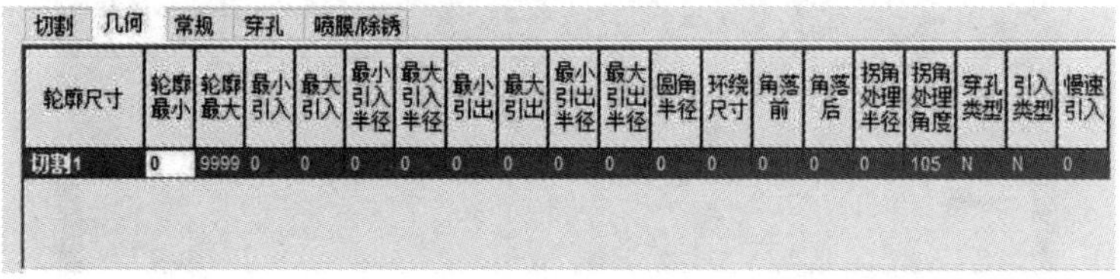

切割	几何	常规	穿孔	喷膜/除锈															
轮廓尺寸	轮廓最小	轮廓最大	最小引入	最大引入	最小引入半径	最大引入半径	最小引出	最大引出	最小引出半径	最大引出半径	圆角半径	环绕尺寸	角落前	角落后	拐角处理半径	拐角处理角度	穿孔类型	引入类型	慢速引入
切割1	0	9999	0	0	0	0	0	0	0	0	0	0	0	0	0	105	N	N	0

图2.84　不分层参数

（4）自动添加切割

为了防止工件变形，需要避免激光在小部分区域持续加工。若选择自动切割将采用默认的切割路径，需要注意切割轨迹不能过于密集。最好是在"自动添加切割"处设置详细的切割优化工艺，如"顺时针"切割（如图2.85），也可在"自动添加切割"处设置详细的切割优化工艺。

图 2.85　设置切割方向

"自动添加切割"完毕后的切割路径如图 2.86 所示。

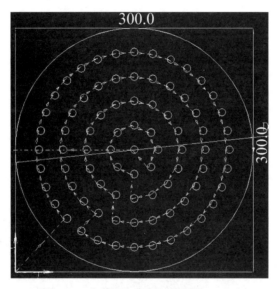

图 2.86　自动添加切割后（单位：mm）

机床正常加工时切割头在每个轮廓切完后会抬头并移动到下一轮廓，这样会导致切割头多次空程运行，浪费加工时间，降低加工效率。本次加工尝试采用飞行切割的方法，可有效提高加工效率。如图 2.87 所示，在"自动添加切割"弹窗中勾选"飞行切割"选项，此时软件重新生成一条加工路径。飞行切割为默认 X 或者 Y 方向加工路径的同时，控制切割头在每个轮廓切完后不抬头而直接移动到下一轮廓，节省切割头上下移动的空程时间，提高加工效率。

图 2.87　飞切功能

飞切功能添加完毕后生成的路径如图 2.88 所示。

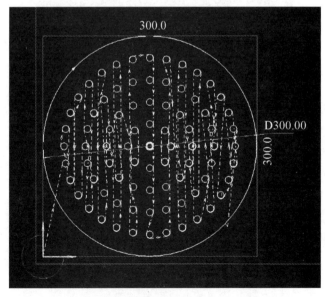

图 2.88　飞切功能添加完毕后生成的路径

（5）板料及夹钳设置

根据实际切割偏置需求修改零件的板材尺寸。为节省材料，零件偏置设为 0 mm，再选择"板材设置＝零件＋偏置"，如图 2.89 所示。本案例编程部分暂时只编辑一个工件，待 NC 程序完成输出后，再使用机床 CAM 软件阵列排版，拓展机床特殊操作功能。

板料及夹钳功能设置完毕后，板材尺寸会变成所需的合适大小，由于并没有加偏置，将导致工艺路径内切于板材，即圆形外框的边缘和板材内切。

图 2.89　板料及夹钳设置

（6）NC 程序输出

"NC 程序输出"设置操作具体内容可参考项目 2 任务 1 的展示柜案例。

（7）程序模拟

对于轮廓较多的复杂零件而言，模拟切割路径是保证机床正常切割的第一道关卡，如果路径模拟中发现问题，可及时修改，避免造成更大的安全隐患，如图 2.90 所示。

若模拟切割路径合适，说明程序编辑没有问题，就可以把输出的 NC 程序导入到机床中准备切割。在模拟路径的右方显示的 NC 代码中也可以找到飞切的代码。M101 是飞切的关光代码，M111 是飞切的开光代码。若后续发现机床切割时不会抬头，可查看调用的程序中是否有飞切代码，若有飞切代码，则说明不抬头是编程的处理，如图 2.91 所示。

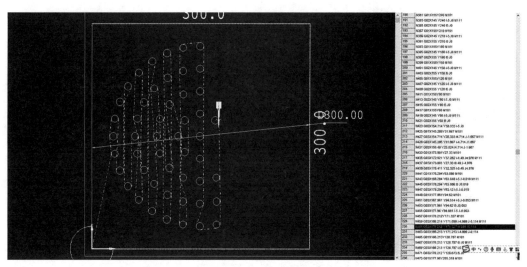

图 2.90　模拟切割路径

| 212 | N425 G01X145.286Y31.667 M101 |
| 213 | N427 G03X154.714 Y28.333 I4.714 J-1.667 M111 |

图 2.91　飞切标志性代码

（8）程序上传

NC 程序确认无误后，点击"发送到机器"或"发送到磁盘"，将工件程序上传至机床，或者通过外部存储设备将程序文件导入机床后，即可开始进行切割。

2）设备操作

（1）喷嘴更换

确定加工的材料为 1 mm 厚度的不锈钢，切割辅助气体为氮气，可选用 D3.0C 喷嘴。使用"返回标记"功能将切割头移动到合适换喷嘴的位置更换喷嘴。

（2）气体测试

此部分具体操作参考项目 2 任务 1 的展示柜案例。

（3）同轴调校

移动切割头到合适的位置进行同轴调校，具体操作参考项目 2 任务 1 的展示柜案例。

（4）切割头标定

此部分具体操作参考项目 2 任务 1 的展示柜案例。

（5）编辑 CAM

切割零件数量要求是 4 个，目前编辑的程序只有 1 个。为了一次性完成切割任务，需要在机床上阵列该图案。阵列功能方法如下：

"工艺"→"CAM"→导入 NC 文件（见图 2.92）→选中 NC 图案→选择"阵列"功能（见图 2.93）→修改阵列参数（见图 2.94）→"确定"→NC。

图 2.92 导入 NC 文件

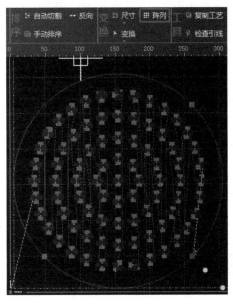

图 2.93 阵列位置

需要注意：阵列过程中需要留一定的零件间隙，避免切割过程中板材翘起。

本案例的具体设置：行数 2，列数 2，行距 5，列距 5，如图 2.94 所示。

图 2.94　修改阵列参数

使用 NC 输出程序时会有弹出"NC 程序导出"窗口，在这个窗口可以选择目标文件夹位置，名称命名为"笼屉阵列"，后缀用"NC"，其他不用修改。点击"确定"后会自动保存到目标文件夹并且跳转到生产界面，如图 2.95 所示。此时已自动选择此程序。

图 2.95　NC 程序导出

（6）工艺参数选择

此部分具体操作参考项目2任务1的展示柜案例。本案例选用的工艺参数名：T01-SUS-D3.0C-N2-07，如图2.96所示。

图 2.96　工艺参数

（7）范围确定

拿到图纸后即可知道一个零件的具体尺寸和大小，但是阵列后的整体尺寸比单独一个零件的大得多，为了保证板材大小满足阵列后的切割要求，可以先将切割头打开，并在红光移动到合适位置后开启"寻边动作""寻边功能""当前位置寻边""走边框"功能。

（8）开光切割

待机床完成相应动作后，确定板材大小适合切割，才可打开"激光光闸"。注意切割头在飞切部分并不会有抬头动作，此时加工噪音较大且熔渣飞溅，首次操作必须关好安全防护门且随时准备停止。

3）切割成品展示

激光切割加工后的工件（笼屉）如图2.97所示，由于工件较薄，需观察切割成品是否变形，若发生变形现象还需判断是否可修复。

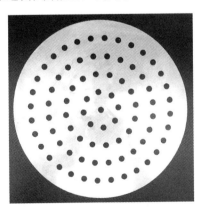

图 2.97　切割后的笼屉

工件内部小轮廓较多，加工要求必须实现无渣切割，需要观察内部小圆的圆度是否足够，下表面是否挂渣，上下表面是否光滑。内部小圆的直径为 10 mm，使用添加补偿后的程序切割完毕后，再使用游标卡尺测量精度是否达到要求，如图 2.98 所示。

图 2.98　游标卡尺测量精度

项目 3

汽车领域的应用

📖 **项目描述**

　　汽车制造行业是一个新技术集中的行业，激光切割作为一种先进的工艺制造手段，基本上覆盖了汽车制造行业所有应用领域，其应用范围包括汽车零部件、汽车车身、汽车车门框、汽车后备厢、汽车车顶盖等各个方面，如图 3.1 所示，主要集中在中薄板加工领域，涉及工艺包括平面板材切割、三维激光切割以及管材激光切割。本项目主要介绍平面板材切割。

　　在欧美等工业发达国家，50%～70% 的汽车零部件是通过激光加工来完成的。汽车零件众多，板材加工数量众多，对下料质量要求高，采用激光切割相对传统加工优势非常明显：

　　①针对中小批量、面积较大及轮廓形状复杂的汽车零部件的制作，激光切割更为灵活，可满足个性化需求。

　　②激光切割是通过计算机数字控制的，可以精确地切割复杂的图案，且修改便捷、误差小，能提高材料的利用率。

　　③激光切割的精度高，定位精度在 0.05 mm 左右，尺寸精度和切口粗糙度标准均优于一般的机械切割。

　　④激光切割加工速度快。以功率 3 000 W 的激光切割机为例，对 1 mm 厚的不锈钢板的加工速度可以达到 30 m/min，这是其他传统加工方法难以达到的。

　　⑤减少新产品的开发成本。新产品的试制一般数量较少，且产品结构不确定，而激光切割不用开发模具，降低了生产成本。

　　⑥激光切割不与切割工件直接接触，可避免损伤工件表面；同时激光切割的热影响很小，能保证较高的切割质量。

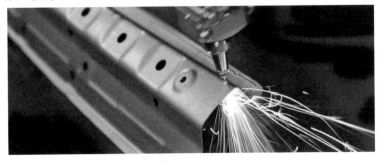

图 3.1　激光切割在汽车制造行业的应用

本项目通过对激光切割在汽车制造加工领域应用的介绍，使学生系统地了解零件处理、编程排版、上机切割等学习任务，掌握激光切割加工的基本流程，使用 cncKad 编程软件，熟练掌握 CNC 激光数控加工系统的使用操作方法，培养基本的程序设计处理、工艺应用和应对实际切割问题的能力。本项目实训以大族 LION 3015 光纤激光切割机为例进行学习。

任务 1　刹车盘案例实训

任务分析

1）加工要求

毛坯为 500 mm×500 mm×1.5 mm 规格的不锈钢板材。要求激光在板材上切割出如图 3.2 所示的刹车盘零件，工件要求内孔尺寸偏差±0.15 mm，外轮廓尺寸偏差＋0.05～0.25 mm，切割断面保持金属原色，背面无明显毛刺。

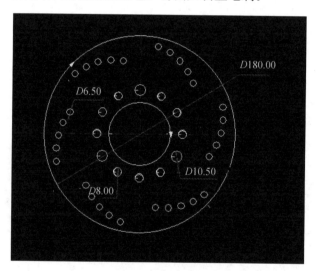

图 3.2　刹车盘加工图纸（单位：mm）

2）加工图纸分析

从 CAD 图纸可以看出，该单个刹车盘零件为圆形的多内孔零件，且最大尺寸不超过 180 mm×180 mm，板材大小完全满足切割尺寸。为保证切割断面的平整度以及满足切割尺寸，需要注意在编程时加入引线以及调整合适的补偿值；为保证切割精度，可根据尺寸大小做适当的分层处理。

3）切割技术目标

要求切割面均匀平整无明显毛刺，选择氮气或者空气作为辅助气体参与切割。

任务实施

1）CAM 编程

（1）零件导入

本次刹车盘加工为单个零件编程，可以使用 cncKad 软件编程。零件导入的过程步骤如下。

步骤 1 打开 cncKad 软件，进入软件主界面，导入待加工零件，如图 3.3 所示。

步骤 2 在"输入文件"窗口选择需要编辑的零件图纸，勾选预览查看零件图形，确认单位正确后即可确定导入。软件单位在安装时默认为"mm"，如需要更换，可在导入界面将其更换为"英寸"。在右边的预览窗可以看到零件的轮廓图形，一般在生产过程中，零件图纸会比较多，可以通过命名及预览来确定加工的零件图纸。

步骤 3 选择相应的机器后置文件，处理好相应的图层信息。导入的零件图纸中有时不止有一种颜色，其中蓝色和红色图层为打标层，其余为切割层。为了保证每一层的加工不会出现意外的情况（如打标过程中某一段变成切割），需要保证导入图形时图层的颜色和线型不会发生变化。

图 3.3 cncKad 软件图标

步骤 4 新建程序文件，并保存至专用文件夹，如图 3.4 所示。

图 3.4 新建程序文件

步骤 5 在"导入零件"窗口选择需要的板材材质（SUS 不锈钢）和厚度

（1.5 mm），并确认导入的零件的文件位置和工艺参数是否正确。

（2）零件检查

在导入零件并选择好相应机器型号后，通过检查功能对零件的 CAD 图纸进行检查校对，查看是否存在缺陷。若检查到不符合校对参数的地方（如凸度、公差），可以进行修改。

（3）切割参数设置

打开切割参数界面，查看切割参数是否需要更改，如图 3.5～3.6 所示。参考加工要求，该零件外轮廓尺寸精度要求为正公差，内轮廓要求为负公差。根据板材厚度以及实际加工经验，本案例将外轮廓补偿值设置为 0.25，将内轮廓补偿值设置为 0.2，同时需要根据实际尺寸偏差，调节补偿值的大小。

根据本案例加工尺寸要求和轮廓大小，可以对切割进行分层处理，以达到更高的加工精度。如图 3.7 所示，在切割参数界面将 0～7 mm 以内的轮廓设置为"切割 2"，大于 7 mm 小于 99 999.9 mm 的轮廓设置为"切割 1"，同时根据所设置的轮廓大小，设置合理的最小引入和最大引入长度。

本案例建议切割 2 层设置最小引入值为 0.8 mm，最大引入值为 2 mm；

切割 1 层设置最小引入值为 2 mm，最大引入值为 4 mm。

图 3.5 切割参数

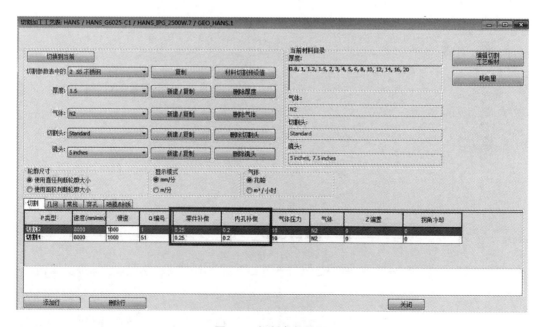

图 3.6 切割参数界面

切割	几何	常规	穿孔	喷膜/除锈															
轮廓尺寸	轮廓最小	轮廓最大	最小引入	最大引入	最小引入半径	最大引入半径	最小引出	最大引出	最小引出半径	最大引出半径	圆角半径	环绕尺寸	角落前	角落后	拐角处理半径	拐角处理角度	穿孔类型	引入类型	慢速引入
切割2	0	7	0.8	2	0	0	0	0	0	0	0	0	0	0	0	0	Normal	Normal	0
切割1	7	99999.9	2	4	0	0	0	0	0	0	0	0	0	0	105	0	Normal	Normal	0

图 3.7　切割参数几何界面

（4）自动添加切割

选择"自动添加切割"设置切割顺序、孔处理和打标等工艺的处理方式，如图 3.8 所示。本次导入的零件——刹车盘里面包含文字，需要将文字处理设置成不处理该文字。

图 3.8　自动添加切割图标

选择"自动添加切割"功能，进入"切割工艺"界面，检查文本处理方式，选择"无'，确认无误后点击"运行"，如图 3.9 所示。

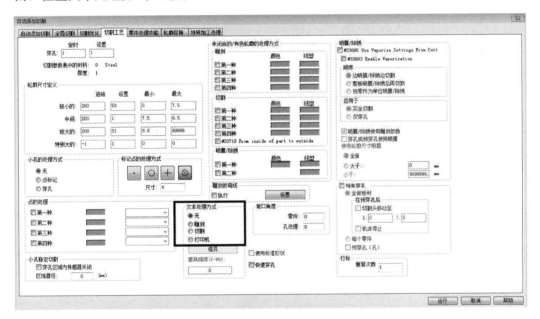

图 3.9　自动添加切割界面

运行后，编程软件会自动对加工工件进行切割加工处理，切割处理结果如图 3.10 所示。

（5）板料及夹钳设置

自动添加切割加工处理后，工件轮廓会按照基础参数设置进行编辑加工。本次任务为加工单个零件，可按照零件的轮廓范围进行切割，即板材设置"零件＝板材"。

打开"板料及夹钳"界面，在板材功能界面中选择"板材＝零件"，这时加工工件的轮廓范围会根据加工工件的尺寸进行合适的调整。如图 3.11 所示，红色轮廓为加工范围，即设置的板材大小，可以看到其与零件轮廓大小相等。

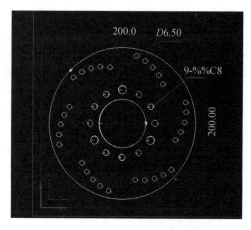

图 3.10　自动添加切割加工处理后

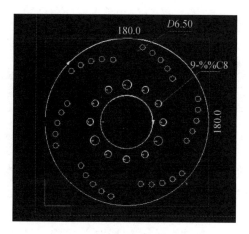

图 3.11　"板材＝零件"效果图

（6）NC 程序输出

NC 程序输出操作步骤为：点击"生成子套裁 NC 程序"，然后连续点击"下一步"，直至点击"完成""确定"。可参考项目 2 任务 1 的展示柜案例。

当弹出如图 3.12 所示的窗口时，表示 NC 程序已经生成成功。

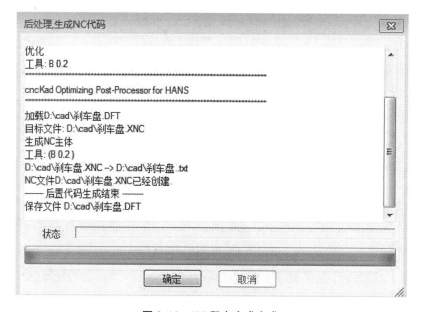

图 3.12　NC 程序生成完成

（7）程序模拟

程序模拟界面如图 3.13 所示，具体操作参考项目 2 任务 1 的展示柜案例。

（8）程序上传

NC 程序确认无误后，点击"发送到机器"或"发送到磁盘"，将工件程序上传至机床，或者通过外部存储设备将程序文件导入机床后，即可开始进行切割。

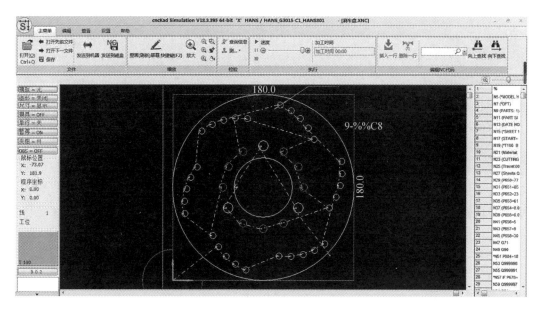

图 3.13 程序模拟界面

2）设备操作

工件的切割程序上传至机床后，按照设备的加工流程进行切割。根据工件及材质厚度的不同，在准备过程中使用不同的功能及工艺完善并解决问题。设备操作具体内容可参考项目 2 任务 1 的展示柜案例，基本操作步骤如下。

（1）喷嘴更换

根据所需加工材料，选择对应工艺文件，根据工艺文件提示选择喷嘴，将选好的喷嘴更换安装至切割头处，检查是否存在松动或者堵塞等情况，确认无误后开始下一步操作。

（2）气体测试

需注意换好喷嘴后，选择"气体测试"按钮进行气体测试。因为选择的切割辅助气体是氮气，所以需要测试氮气压力是否足够，以及排空机床内上次切割使用的气体，防止氮气不纯影响切割效果。放气 2～3 s 即可。

（3）同轴调校

具体操作参考项目 2 任务 1 的展示柜案例。本案例使用 D2.0C 喷嘴切割，可先更换小口径喷嘴（如 1.2 mm 口径喷嘴）调整同轴，确认无误后再更换 D2.0C 喷嘴。

（4）切割头标定

手动移动切割头到板材范围，进行板面标定，具体操作参考项目 2 任务 1 的展示柜案例。

点击"生产"界面右侧的"随动标定"，确定启动，切割头会自行运行到标定模块进行标定动作。切割头动作结束后，手动将切割头移动至板材上方。

（5）程序选择

打开"生产"界面，点击"当前程序"，找到放置切割工件程序的文件位置（刹车盘文件），加载后查看"生产"界面所显示的工件是否存在问题，若无问题可进行下一步操作。

（6）工艺参数选择

根据所需切割工件材料厚度，选择对应的工艺参数，本案例选择 T1.5-SUS-D2.0C-N2，即 1.5 mm 的不锈钢，D2.0C 喷嘴，氮气。

（7）寻边设置

这里加工零件为单个零件，可参考项目 2 任务 1 的展示柜案例设置寻边后切割，也可不设置寻边，手动移动到板材合适的位置后，利用"走边框"检查程序加工范围，确认无误后启动切割即可。

（8）走边框

等待寻边完成，走边框确认工件加工范围，具体操作参考项目 2 任务 1 的展示柜案例。

（9）开光切割

以上步骤完成之后就可以开始出光切割，具体操作参考项目 2 任务 1 的展示柜案例。

3）切割成品展示

激光切割加工后的工件如图 3.14 所示，工件整体结构完整，切割面光滑、无毛刺，拐角处无过烧现象。

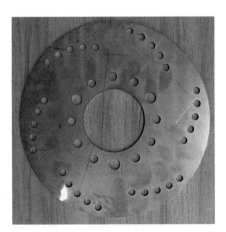

图 3.14　刹车盘实物加工图

任务2　压板案例实训

任务分析

1）加工要求

毛坯为 500 mm×500 mm×2 mm 规格的镀锌板。要求激光在板材上加工出如图 3.15 所示的压板零件 60 个，使用空气切割，背面直边以及拐角无明显毛刺，切口整齐光滑，切割过程流畅。除去首件检查暂停次数，要求从切割开始到结束，因为处理异常情况而暂停加工的次数应少于三次。

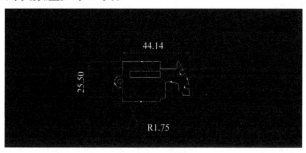

图 3.15　压板零件

2）加工图纸分析

从 CAD 图纸可以看出，该零件外轮廓为 25.5 mm×50 mm 左右的小零件。根据激光切割使用空气作为辅助气体参与切割的特性可知，该零件在高压空气切割中易翻转翘起从而影响切割的流畅性，故在编程过程应把外轮廓加入适当的微连接；零件外轮廓存在多处拐角以及拐角与圆弧相接的情况，在实际切割中这些拐角处易有毛刺生成，因此应适当调节工艺参数的功率曲线。

3）切割技术目标

要求背面直边以及拐角无明显毛刺，零件成形美观，工件要求尺寸偏差 ± 0.15 mm；排版编程合理，切割过程不得多次暂停（少于三次）。

任务实施

1）CAM 编程

（1）订单创建

本次压板加工为多个零件编程，可以使用套料软件编程，订单创建与零件导入的过程步骤如下。

图 3.16　AutoNest 编程软件图标

步骤 1　打开 AutoNest 编程软件，进入软件主界面，如图 3.16 所示。

步骤 2 在主菜单界面选择"新订单",确认机型后,选择文件路径与目标文件夹,并将文件命名为"压板"。命名完成后进入建立新订单界面,在"导入的根目录"的位置,选择压板 CAD 图纸所在文件夹地址,如图 3.17 所示。

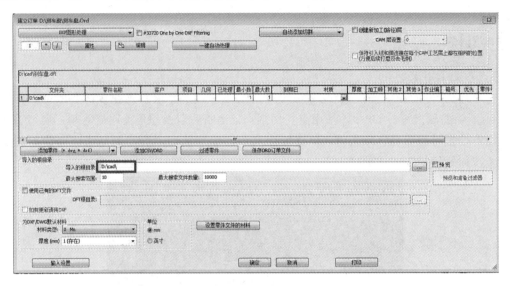

图 3.17 导入加工图纸根目录

步骤 3 选择"添加零件",在"目录文件"处双击"压板",输入数量为 60,材质选择为 Galvanized,板材厚度选择为 2 mm,点击"确定"。此时然后在"目录文件"下选中"压板"CAD 图纸,点击"确定",进入"建立订单"界面,如图 3.18 所示。

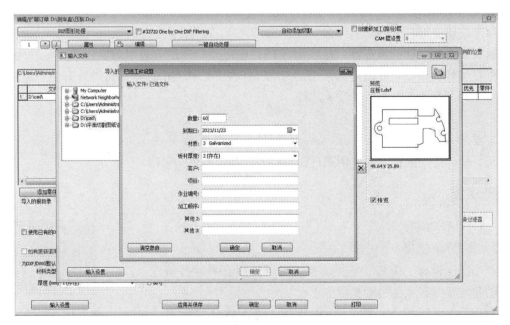

图 3.18 设置零件数量、材质、厚度

步骤4　点击"一键自动处理",完成图形处理。并点击"确定",进入套料界面,如图3.19所示。

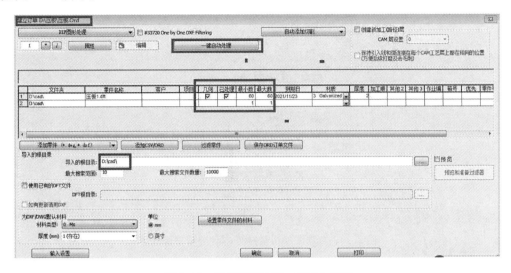

图3.19　完成图形处理,并导入图形

（2）数量设置

导入零件后,需要在"订单数量"→"自动添加切割"界面设置一些常用的图形处理参数。根据加工要求可知,需要对外轮廓加入适当的微连接来保证切割过程的流畅性,可以使用自动微连接或者手动微连接。本案例选择自动添加切割,使用"零件处理功能"自动添加微连接。尺寸中"MJ 宽度"指角微连接的宽度,"单侧"或者"双侧"指角微连接加在角的一边还是两边;"WJ 宽度"指线微连接的宽度。"角优先"勾选后将优先添加角微连接,"最小数量 MJ/WJ"可设置角微连接和线微连接的最小数量,"最大长度不使用 MJ/WJ"指当零件较长时每隔多长距离会建立一个微连接。

根据加工任务要求,本案例选择外轮廓添加微连接,将外轮廓 X 方向和 Y 方向均设置为 0 mm 到 9 999.9 mm(无穷大),处理类型选择"微连接",MJ 宽度为 0.5 mm。本案例根据图形不使用线微连接,WJ 线微连接参数不需要设置,最小数量 MJ/WJ 设置为 3 mm,最大长度不使用 MJ/WJ 设置为 30 mm,如图3.20所示。

本案例不使用工艺表的引入引出线,直接在"自动添加切割"界面处理零件引线,要注意勾选"运行前删除原加工",否则自动添加切割界面的设置不生效,如图3.21所示。

在如图3.21所示的"自动添加切割"界面设置引线,不勾选"使用工艺表设置引入导出线";有"内轮廓"的引入参数中,几何图类型设置为"矩形余料",长度设置为 1.5 mm,半径设置为 0 mm;注意勾选"运行前删除原加工"。

（3）切割参数设置

打开"切割参数"界面,查看切割参数是否需要更改。本案例主要查看设置的补偿值是否合适,这里根据加工厚度以及加工要求,零件补偿以及内孔补偿设置为 0.2 mm,如图3.22所示。

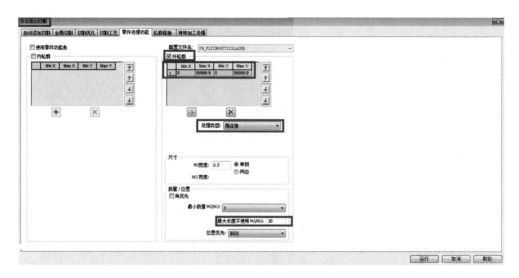

图 3.20　自动添加切割界面-零件处理功能界面

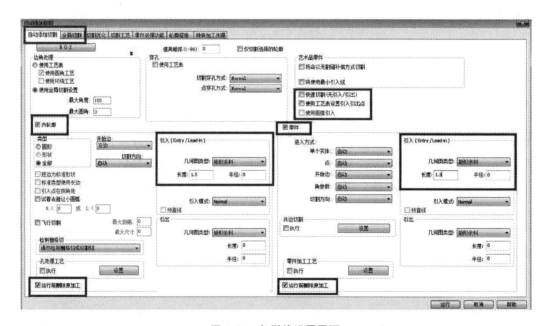

图 3.21　加引线设置界面

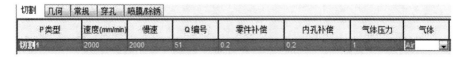

图 3.22　切割参数界面

（4）设置板料及夹钳

设置好所需参数后，需要设置排版的板材大小以及排版零件的留边距离等参数。

在主菜单界面选择"设置板料及夹钳"，根据任务目标将板材大小设置为 500 mm×
500 mm，"偏置"的各项均设置为 5 mm，切割板材大小设置为"板材设置＝零件＋偏
置"，如图 3.23 所示。

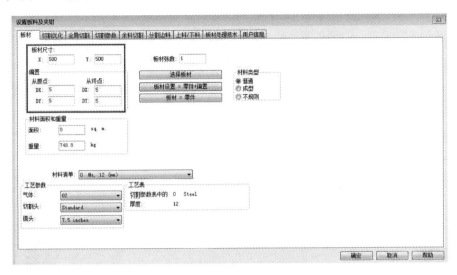

图 3.23　板材以及夹钳的设置

（5）全部信息设置

右键单击零件图，选择"全部信息"，进入"全部信息"界面。此次加工材料厚度
为 2 mm，零件间距不用设置过大，可以选择"使用零件边界"，设置零件间距为
1.5 mm，如图 3.24 所示；四周间隔尺寸设置为 1.5 mm，点击"设置"，再点击"确
定"按钮，完成零件间距的设定。

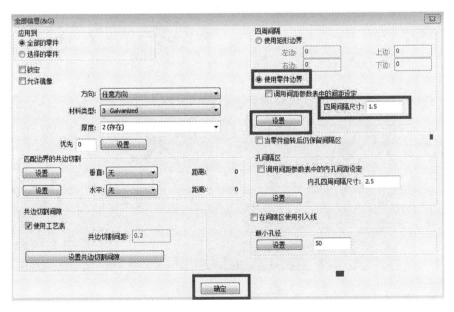

图 3.24　全部信息界面

（6）自动套裁

使用"自动套裁"功能对零件进行排版。本案例加工数量较少，实际加工图形为不规则异形图，本次套裁选择"实际形状-最合适"，自动套裁原点默认设置为"左下角"，方向设置为"左→右"，默认勾选"产生多个子套裁"，如图 3.25 所示。得到的自动套裁结果如图 3.26 所示。

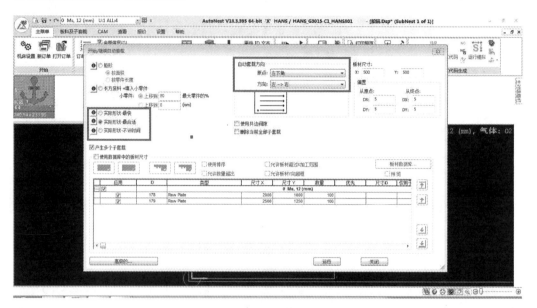

图 3.25　自动套裁界面

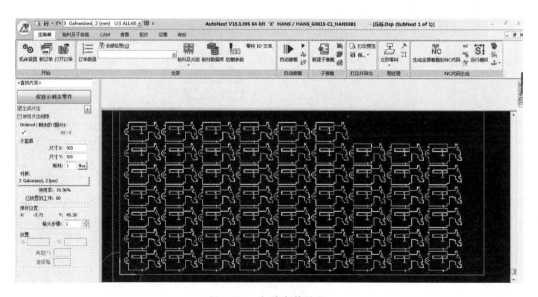

图 3.26　自动套裁结果

（7）NC 程序输出

NC 程序输出具体操作为：点击"生成子套裁 NC 程序"，然后连续点击"下一步"直至点击"完成""确定"。可参考项目 2 任务 1 的展示柜案例。

（8）程序模拟

具体操作参考项目 2 任务 1 的展示柜案例。

（9）程序上传

NC 程序确认无误后，点击"发送到机器"或"发送到磁盘"，将工件程序上传至机床，或者通过外部存储设备将程序文件导入机床后，即可开始进行切割。

2）设备操作

工件的切割程序上传至机床后，按照设备加工流程进行切割，根据工件及材质厚度的不同，在准备过程中使用不同的功能及工艺完善并解决问题，设备操作具体内容可参考项目 2 任务 1 的展示柜案例，基本操作步骤如下。

（1）喷嘴更换

根据所需加工材料，选择对应工艺文件，然后根据工艺文件的提示选择喷嘴，将选好的喷嘴更换安装至切割头处，检查是否存在松动或者堵塞等情况，确认无误后开始下一步操作。

（2）气体测试

更换好喷嘴后，选择"气体测试"按钮进行气体测试。需注意的是本案例加工气体要求为空气，需要在加工现场确认外部输入高压气体是否为空气。

（3）同轴调校

移动切割头到合适的位置进行为"同轴调校"，具体操作参考项目 2 任务 1 的展示柜案例。

（4）切割头标定

点击"生产"界面右侧的"随动标定"，确定启动，切割头会自行运行到标定模块进行标定动作。切割头动作结束后，手动将切割头移动至板材上方。

（5）程序选择

打开"生产"界面，点击"当前程序"，找到放置切割工件程序的文件位置（压板文件），加载后查看"生产"界面显示工件是否存在问题，若无问题可进行下一步操作。

（6）工艺参数选择

根据所需切割工件材料厚度，选择对应的工艺参数。

（7）寻边设置

打开"生产"界面，点击左侧的"机床设置"，打开上方的"寻边功能"。确保机床在切割运行时能够自动确定板材位置，保证工件的切割位置。寻边有多种方式，根据自己实际情况进行选择即可。本案例选用"当前位置寻边"。

（8）走边框

待寻边完成，走边框检查工件加工范围，具体操作参考项目 2 任务 1 的展示柜案例。

（9）开光切割

确认加工范围无误就可以出光切割，具体操作参考项目 2 任务 1 的展示柜案例。

首件检查后如果发现切割出来的产品背面毛刺较多，尤其是拐角的地方，这是因为拐角的时候机床会先减速再加速，导致拐角功率与切割速度不匹配，就会导致拐角处有较大的毛刺，此时可以使用功率曲线改善切割效果。

如图 3.27 所示，黄色对应峰值功率曲线，绿色对应切割频率曲线，紫色对应占空比曲线，坐标轴横向对应速度（单位：m/min），最大速度对应切割参数所设置的速度，纵向坐标轴对应百分比，即当机床拐角降速为 4 m/min 时，所对应的占空比约等于 60%。系统可以根据切割速度实时匹配切割输出的功率大小，进而达到改善切割效果的目的。

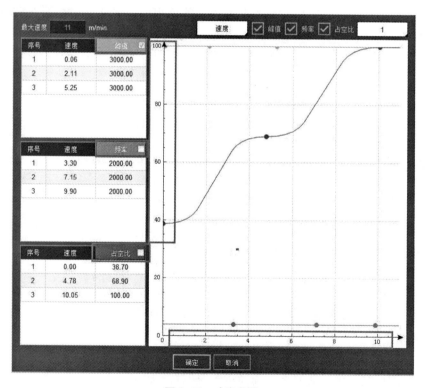

图 3.27 功率曲线

3）切割成品展示

激光切割加工后的工件如图 3.28 所示，整体结构完整，切割面光滑无毛刺，拐角处无过烧现象。当切割样品出现切割面粗糙，挂有熔融物时，如图 3.29 所示，需要对切割工艺参数里的速度、气压、焦点等进行修改优化。

图 3.28 压板实物加工图一

图 3.29 压板实物加工图二

项目 4

船舶领域的应用

项目描述

近几年，"精密造船"和"快速造船"成为船舶制造业发展的主要趋势，船舶制造行业主要以钢板原料为主（如图4.1所示），使用激光切割板材，可代替需要采用复杂大型模具冲切的加工方法，这大大缩短了生产期，降低了生产成本，是船舶结构前船板备料的理想方式。适合激光切割机切割的船体零件主要有下列几类：

①小合拢时所需的各类板材零件（如需组拼的桁材或其他部件）；

②分段中一些较薄的板材；

③切割时容易变形的板材零件（如上层建筑中的板材）；

④对切割质量和精度要求较高的板材（如滚装船中的甲板）。

图 4.1　船舶行业

在船舶制造领域，船体分段装配精度要求非常高，其装配间隙必须控制在1 mm的范围内，而激光切割可保证装配精度在要求范围内。目前，船舶行业船体板材零件的下料方式主要为火焰切割、等离子切割、剪切加工以及激光切割。其他切割方式相较于激光切割有诸多不足，如火焰切割、等离子切割割缝宽，精度差，易产生有害气体，污染环境，而激光切割具有切割精度高、致使材料热变形程度小等优点，可减少二次加工（如铣边、钻孔、转运、打磨等），尤其是在小圆、小孔、曲面加工等方面完全符合船体分段装配精度要求。激光切割还可以作为最后一道工序，减少配合工时及加工成本，实现无障碍切割高强船板。

　　本项目通过对激光切割在船舶领域应用的介绍，使学生系统地了解零件处理、编程排版、上机切割等学习任务，掌握激光切割加工的基本流程，熟练使用 cncKad 编程软件，熟练掌握 CNC 激光数控加工系统的使用和激光设备的操作步骤，了解基本的程序设计处理，培养工艺应用和应对实际切割问题的能力。本项目实训以大族 LION 3015 光纤激光切割机为例。

任务 1　船锚案例实训

任务分析

　　1）加工要求

　　毛坯为 500 mm×500 mm×12 mm 规格的碳钢板材。要求激光在板材上加工出如图 4.2 所示的船锚零件 4 个。工件要求断面光滑，背面无明显毛刺，拐角圆角平滑、无明显烧边现象，打标出的 LOGO 文字清晰可辨。

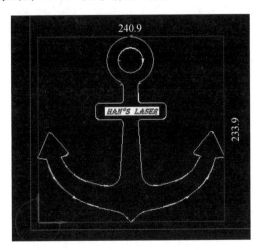

图 4.2　船锚加工图纸

　　2）加工图纸分析

　　从 CAD 图纸可以看出，该船锚零件为不规则异形零件且存在尖角，可以加入拐角冷却处理防止尖角处过烧，并添加适合的补偿参数使零件符合图纸尺寸，以及添加适合的引线使刀口平滑。

　　3）切割技术目标

　　要求切割面均匀平整、无明显毛刺，拐角圆弧无明显烧边现象。选择氧气作为辅助气体参与切割，加入合适的引线使接刀口处无明显凸起，添加合适的补偿值以达到工件加工要求。

任务实施

1）CAM 编程

（1）订单创建

本次船锚加工为多个零件编程，可以使用套料软件编程。订单创建与零件导入的过程步骤如下。

步骤 1　打开 AutoNest 编程软件，进入软件主界面，新建订单，如图 4.3 所示。

步骤 2　在主菜单界面选择"新订单"，确认好机型后，选择文件路径与目标文件夹，并将文件命名为"船锚"。命名完成后点击"打开"，弹出"建立订单"界面。在"导入的根目录"位置，选择 CAD 图纸所在文件夹地址。

步骤 3　选择"添加零件"，在"目录文件"处双击"船锚"，在弹窗中设置数量为 4、材质为 Ms、板材厚度为 12 mm 后，点击"确定"。此时可以看到"已选文件"中选中船锚 CAD 图纸，点击"确定"按钮，进入"建立订单"界面，如图 4.4 所示。

图 4.3　AutoNest 编程软件图标

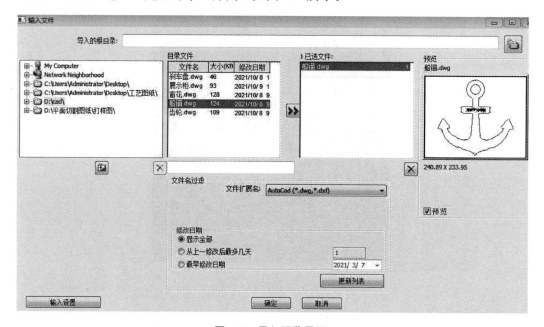

图 4.4　导入预览界面

步骤 4　使用"一键自动处理"检查 CAD 图纸是否存在缺陷等。如果一键自动处理完成后，显示图形处理有错误，例如软件检查图纸发现里面包含文字，将导致软件无法处理，如图 4.5 所示。

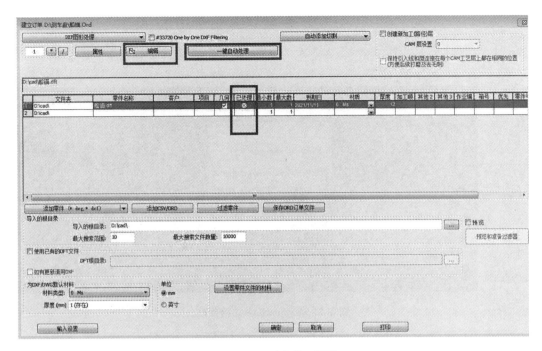

图 4.5　图形预处理界面

步骤 5　点击"编辑"进入 cncKad 界面，将文字"HAN'S LASER"选择后点击鼠标右键，修改实体属性，可将属性设置为蓝色实线，如图 4.6 所示。

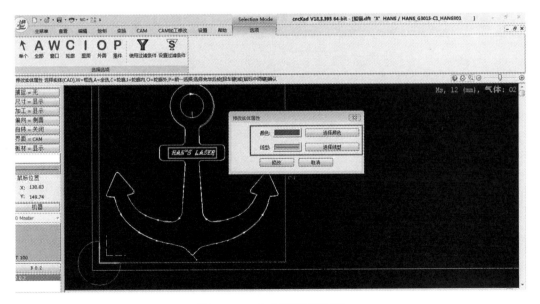

图 4.6　cncKad 修改图形属性

步骤 6　退出 cncKad 界面，并保存文档的更改，如图 4.7 所示。

步骤 7　返回 AutoNest，再次点击"一键自动处理"，完成图形处理。并点击"确

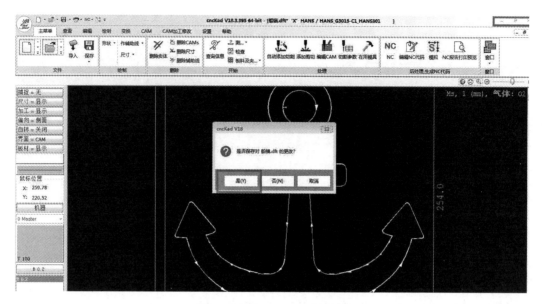

图 4.7 保存 cncKad 文档更改

定",进入套料界面,如图 4.8 所示。

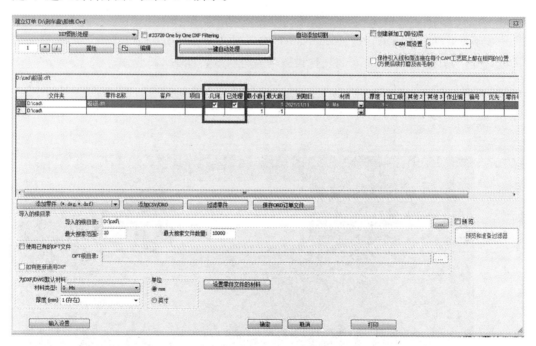

图 4.8 完成图形处理,并导入图形

（2）数量设置

导入零件后,需要在"订单数量"→"自动添加切割"界面设置一些常用的图形处理参数,具体操作步骤如下。

步骤 1　根据要求将文字 LOGO 设置成为打标程序，所以本案例需要在"自动添加切割"界面将蓝色图层的线段设置成为雕刻程序。

此处应注意，当不确定图纸中所需要打标的文字或线条对应哪一种颜色时，可以先使用"一键自动处理"功能检查图形，若图纸打标层颜色与自动添加切割所设置的打标层颜色不对应，则可以进入 cncKad 里面单独修改所需打标的文字，将未闭合线条颜色对应修改为自动添加切割里面所设置的打标颜色，如图 4.9 所示。

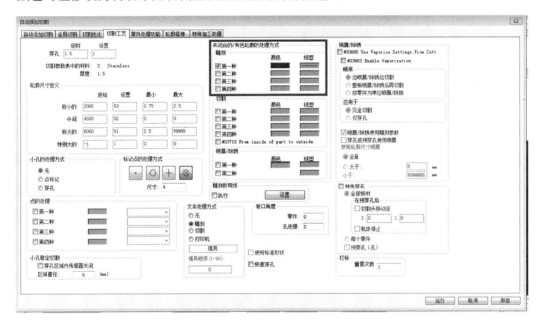

图 4.9　自动添加切割界面

步骤 2　单击"自动添加切割界面"的"全局切割"选项，根据要求设置拐角冷却，并将冷却时间设置为 800 ms，如图 4.10 所示。

（3）切割参数设置

打开"切割参数"界面，查看切割参数是否需要更改。本案例为船锚零件，根据加工任务要求可知，其对尺寸精度要求不高；板材厚度为 12 mm，根据实际加工经验，将零件补偿以及内孔补偿分别设置为 0.4 mm，打标层补偿设置为 0 mm，如图 4.11 所示。由于本案例尺寸精度要求不高且图形简单，可不做分层处理。

（4）板料及夹钳设置

根据要求设置板材的大小以及板材的留边距离，在主菜单界面选择"板料及夹钳"设置板材大小。板材大小设置为 500 mm×500 mm，偏置的各项均设置为 5 mm，切割板材大小设置为"板材＝零件＋偏置"。

（5）全部信息设置

本案例加工材料厚度为 12 mm，零件间距不宜过小，因此设置零件"四周间隔尺寸"为 2.5 mm，如图 4.12 所示。

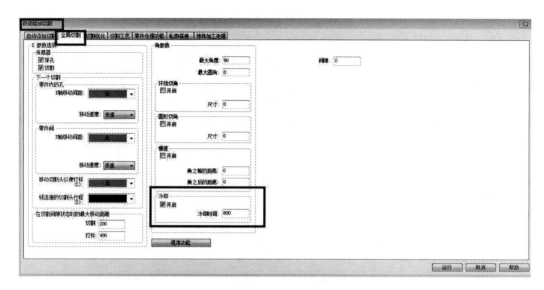

图 4.10　设置拐角冷却

切割	几何	常规	穿孔	喷膜/除锈						
P类型	速度(mm/min)	慢速	Q编号	零件补偿	内孔补偿	气体压力	气体	Z偏置	拐角冷却	
切割1	800	9999	51	0.4	0.4	0.5	O2	0	1	

图 4.11　切割参数零件与内孔补偿设置

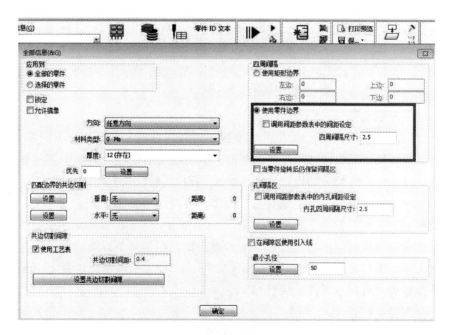

图 4.12　全部信息界面

（6）自动套裁

使用"自动套裁"功能对零件进行排版，本案例套裁选择默认的"下→上"和"实际形状-最合适"的方式即可，得到的自动套裁结果如图 4.13 所示。

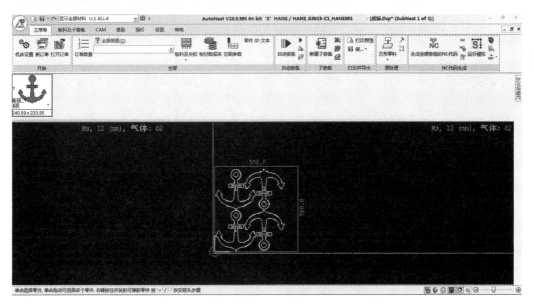

图 4.13　自动套裁结果

（7）NC 程序输出

NC 程序输出具体操作为：点击"生成子套裁 NC 程序"，然后连续点击"下一步"直至点击"完成""确定"。可参考项目 2 任务 1 的展示柜案例，当弹出如图 4.14 所示的窗口时，表示 NC 程序已经生成完成。

（8）程序模拟

具体操作参考项目 2 任务 1 的展示柜案例。

（9）程序上传

NC 程序确认无误后，点击"发送到机器"或"发送到磁盘"，将工件程序上传至机床，或者通过外部存储设备将程序文件导入机床后，即可开始进行切割。

2）设备操作

工件的切割程序上传至机床后，按照设备加工流程进行切割，根据工件及材质厚度的不同，在

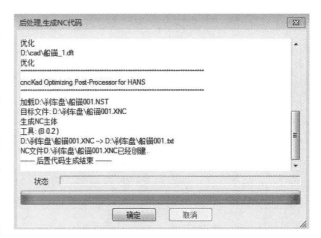

图 4.14　NC 程序生成完成

准备过程中使用不同的功能及工艺完善并解决问题，设备操作具体内容可参考项目 2

任务 1 的展示柜案例，基本操作步骤如下。

（1）喷嘴更换

根据所需加工材料，选择对应工艺文件，根据工艺文件提示选择喷嘴，将选好的喷嘴更换安装至切割头处，检查是否存在松动或者堵塞等情况，确认无误后开始下一步操作。

（2）气体测试

更换好喷嘴后，选择"气体测试"按钮进行气体测试，具体操作步骤可参考项目 2 任务 1 的展示柜案例。需注意的是本次案例加工气体要求为氧气，为保证氧气纯度，一定要持续放气以保证彻底排空原管道残留的气体，防止气体混合导致切割起步不良。

（3）同轴调校

移动切割头到合适的位置进行同轴调校，具体操作参考项目 2 任务 1 的展示柜案例。

（4）切割头标定

点击"生产"界面右侧的"随动标定"，确定启动，切割头会自行运行到标定模块进行标定动作。切割头动作结束后，手动将切割头移动至板材上方。

（5）程序选择

打开"生产"界面，点击"当前程序"，找到放置切割工件程序的文件位置（船锚文件），加载后点击"生产"界面查看工件是否存在问题，若无问题可进行下一步操作。

（6）工艺参数选择

根据所需切割工件材料厚度，选择对应的工艺参数：T12-Ms-D4.0-O2。

（7）寻边设置

打开"生产"界面，点击左侧的"机床设置"，打开上方的"寻边功能"。确保机床在切割运行时能够自动确定板材位置，保证工件的切割位置。寻边有多种方式，根据实际情况进行选择即可。本案例选用"当前位置寻边"。

（8）走边框

待寻边功能完成，走边框确认工件加工范围，具体操作参考项目 2 任务 1 的展示柜案例。

（9）开光切割

确认加工范围无误后就可以开始出光切割，具体操作参考项目 2 任务 1 的展示柜案例。

3）切割成品展示

激光切割加工后的工件如图 4.15 所示，整体结构完整，切割面光滑无毛刺，拐角处无过烧现象。

图 4.15 船锚加工实物图

任务 2　法兰案例实训

任务分析

1）加工要求

毛坯为 500 mm×500 mm×8 mm 规格的碳钢板材，要求激光在板材上加工出如图 4.16 所示的法兰零件 25 个。工件要求断面光滑，背面无明显毛刺，拐角圆弧平滑无明显烧边，编程排版合理，切割过程流畅。

2）加工图纸分析

从 CAD 图纸可以看出，该法兰零件为方形带圆角的规则图形，根据图形以及板材大小结合加工数量要求可以选择共边切割此零件，为使切割过程流畅，应设置大小合适的预切割。

3）切割技术目标

要求切割面均匀平整无明显毛刺，拐角圆弧无明显烧边。选择氧气作为辅助气体参与切割，内轮廓加入合适的引线使接刀口处无明显凸起，添加合适的补偿以达到工件加工要求。

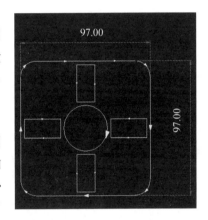

图 4.16　法兰加工图纸

任务实施

1）CAM 编程

（1）订单创建

本次法兰加工为多个零件编程，可以使用套料软件编程。订单创建与零件导入的过程步骤如下。

步骤 1　打开 AutoNest 编程软件，进入软件主界面，新建订单，如图 4.17 所示。

步骤 2　在主菜单界面选择"新订单"，确认好机型后，选择文件路径与目标文件夹，并将文件命名为"法兰"。命名完成后点击"打开"，弹出"建立订单"界面。在"导入的根目录"位置，选择 CAD 图纸所在文件夹地址。

步骤 3　选择"添加零件"，在"目录文件"处双击"法兰"，在弹窗中设置数量为 25、材质为 Ms、板材厚度为 8 mm 后，点击"确定"。此时可以看到"已选文件"中选中法兰 CAD 图纸，点击"确定"，进入"建立订单"界面，如图 4.18 所示。

图 4.17　AutoNest 编程软件图标

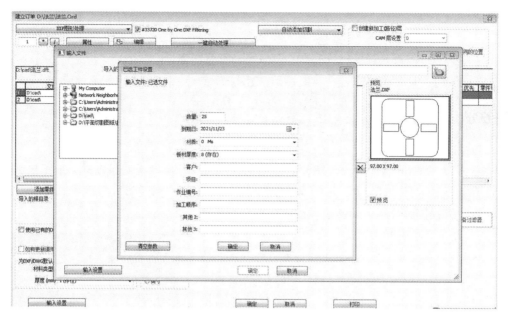

图 4.18　设置零件数量、材质、厚度

步骤 4　选择并查看"输入设置"→"颜色转换"，若图层过滤与颜色设置为"保持颜色和线型"，点击"一键自动处理"，系统会提示是否将有色轮廓的图形转换为白色实线，如图 4.19 所示。因为该 CAD 图纸用有色轮廓绘制图形，需要将其转换为白色实线以生成加工路径，点击"所有图层转换为白色实线"，确认完成图层转换。在项目 3 任务 2 的压板案例中之所以没有此步骤，这是因为压板案例 CAD 原图所使用的为白色实线，使用"一键自动处理"可直接导入处理图形，两者存在差异。

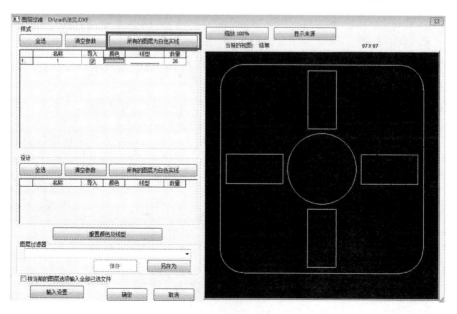

图 4.19　图层转换

步骤 5 线条转换完成后点击"一键自动处理",完成图形处理,并点击"确定",如图 4.20 所示,进入套料界面。

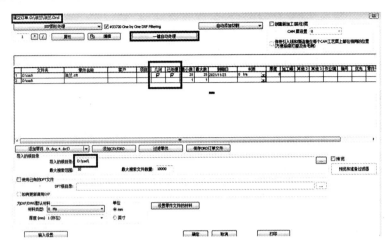

图 4.20 完成图形处理,并导入图形

(2)数量设置

根据加工要求设置"共边切割参数",进入"自动添加切割"界面后,单击共边切割中的"设置"选项,弹出"共边切割参数"对话框,将"预切割"设置为 30 mm。点击"确定"回到"自动添加切割"界面,勾选共边切割中"执行"选项后,点击"运行"完成预切割设置,如图 4.21 所示。

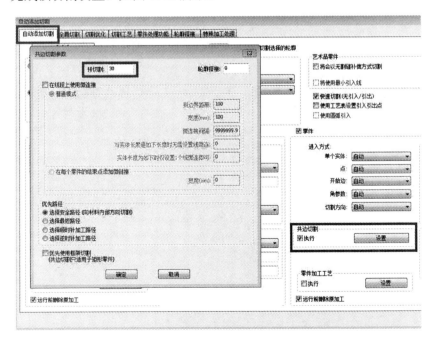

图 4.21 设置预切割

（3）切割参数设置

打开切割参数界面，查看所添加的补偿值是否合适。本次案例板材为碳钢板，根据加工任务要求并结合实际加工经验，零件补偿以及内孔补偿设置为 0.35 mm，如图4.22 所示。根据加工任务要求结合实际加工图纸，本案例可不做分层处理。

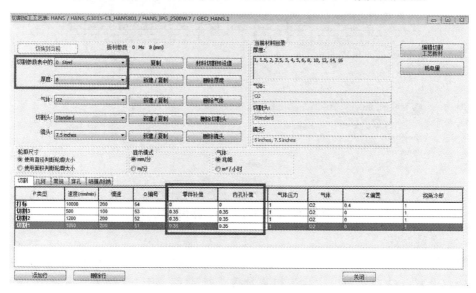

图 4.22　查看补偿值是否合适

（4）设置板料及夹钳

在主菜单界面选择"设置板料及夹钳"来设置板材大小。板材大小设置为 500 mm×500 mm；偏置的各项均设置为 5 mm，切割板材大小设置为"板材设置＝零件＋偏置"，如图 4.23 所示。

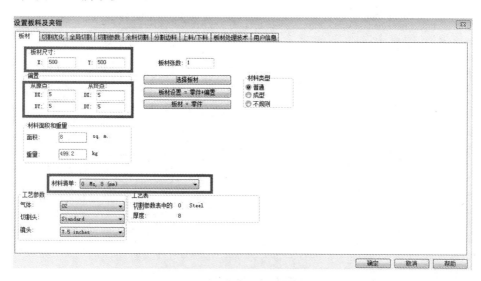

图 4.23　板材及夹钳的设置

（5）全部信息设置

本次加工任务数量为 25 个，单个零件尺寸大小为 97 mm×97 mm，对比板材尺寸大小为 500 mm×500 mm，可知本案例使用非共边排版难以实现，故本案例需要设置共边切割，而共边套裁零件间距为 0 mm，实际设置的零件间距将不启用。"订单创建"中已设置"共边切割"，所以这里可以省略此步骤。

（6）自动套裁

使用"自动套裁"功能对零件进行排版，因为此套裁需要共边套裁，所以需要勾选"使用共边间隙"。设置完成后可以看到线条为粉色，代表已经生成共边。套裁方式选择"实际形状-最合适"，默认勾选"产生多个子套裁"即可，如图 4.24 所示。得到的自动套裁结果如图 4.25 所示。

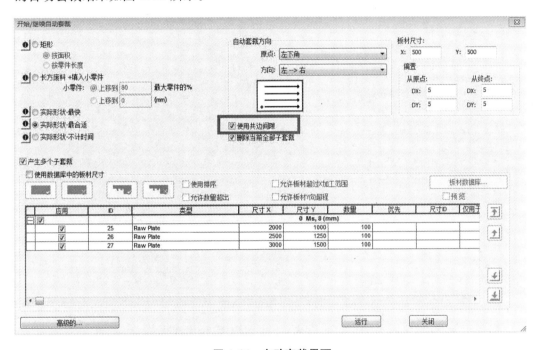

图 4.24　自动套裁界面

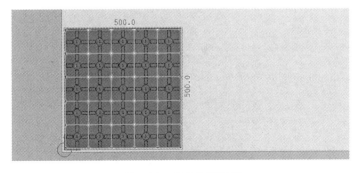

图 4.25　自动套裁结果

（7）NC 程序输出

NC 程序输出具体操作为：点击"生成子套裁 NC 程序""重建当前切割"，然后连续点击"下一步"直至点击"完成""确定"。可参考项目 2 任务 1 的展示柜案例。

在程序生成过程中，程序生成器选项中有一项检查引入线设置，如图 4.26 所示，这个功能是防止在排版过程中，引线超出板材范围或引线干涉相邻工件的加工。本案例中板材尺寸与排版后工件尺寸紧凑，余料较少，要特别注意引线是否超出板材范围，故应勾选"如果引入线破坏工件则提示警告"。

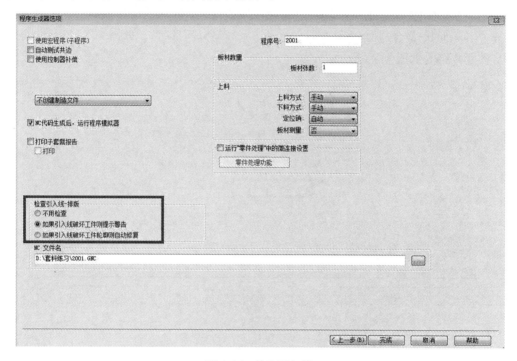

图 4.26　检查引入线

当弹出如图 4.27 所示的窗口时，表示 NC 程序已经生成完成。

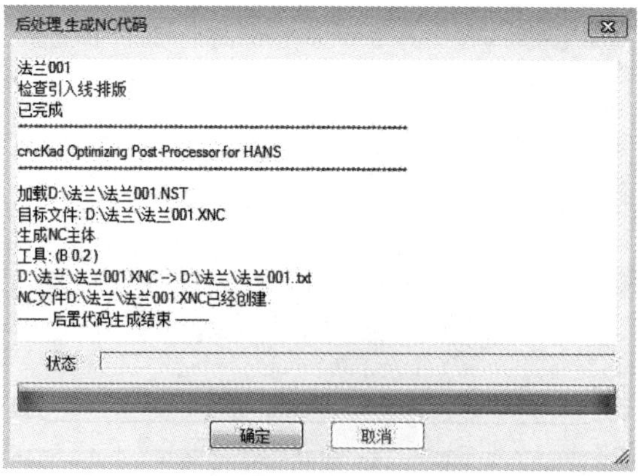

图 4.27　NC 程序生成完成

（8）程序模拟

具体操作参考项目 2 任务 1 的展示柜案例。模拟过程中可以看到路径已生成预割路线，如图 4.28 所示，红色线框的路线即为预割路线，预割路线的长度就是在"自动添加切割"中设置的预切割的长度。预割路线的生成可以避免已割工件翘起导致的接刀过程中引起的一些碰撞，保证切割此类共边图形的流畅性。

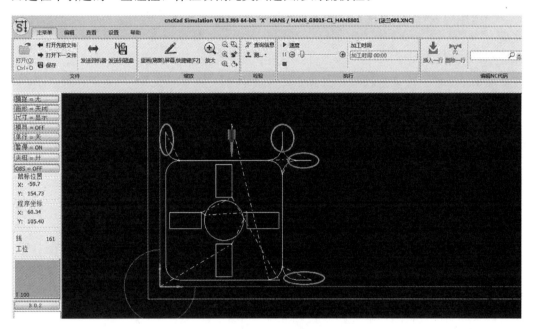

图 4.28　程序模拟界面

通过控制速度倍率，可以对工件切割的路径轨迹进行检查，确认无误即可保存并发送。如果在检查程序的过程中发现有错误可及时返回"自动切割界面"进行修改，或在右侧程序显示框进行手动程序修改。

（9）程序上传

NC 程序确认无误后，点击"发送到机器"或"发送到磁盘"，将工件程序上传至机床，或者通过外部存储设备将程序文件导入机床后，即可开始进行切割。

2）设备操作

工件的切割程序上传至机床后，按照设备加工流程进行切割，根据工件及材质厚度的不同，在准备过程中使用不同的功能及工艺完善并解决问题，设备操作具体内容可参考项目 2 任务 1 的展示柜案例，基本操作步骤如下。

（1）喷嘴更换

根据所需加工材料，选择对应工艺文件，根据工艺文件提示选择喷嘴，将选好的喷嘴更换安装至切割头处，检查是否存在松动或者堵塞等情况，确认无误后开始下一步操作。

（2）气体测试

更换好喷嘴后，选择"气体测试"按钮进行气体测试，具体操作步骤可参考项目 2 任务 1 的展示柜案例。本案例加工气体要求为氧气，为保证氧气纯度，一定要彻底排空原管道残留的气体，防止气体不纯导致的切割起步不良。

（3）同轴调校

移动切割头到合适的位置进行同轴调校，具体操作参考项目 2 任务 1 的展示柜案例。

（4）切割头标定

点击"生产"界面右侧的"随动标定"，确定启动，切割头会自行运行到标定模块进行标定动作。切割头动作结束后，手动将切割头移动至板材上方。

（5）程序选择

打开"生产"界面，点击"当前程序"，找到放置切割工件程序的文件位置（法兰文件），加载后查看"生产"界面显示的工件是否存在问题，若无问题可进行下一步操作。

（6）工艺参数选择

根据所需切割工件材料厚度，选择对应的工艺参数：T08-Ms-D1.2-O2。

（7）寻边设置

打开"生产"界面，点击左侧的"机床设置"，打开上方的"寻边功能"。确保机床在切割运行时能够自动确定板材位置，保证工件的切割位置。寻边有多种方式，根据自己实际情况进行选择即可。本案例选用"当前位置寻边"。

（8）走边框

开启走边框功能，检查板材尺寸是否充足，具体操作参考项目 2 任务 1 的展示柜案例。

（9）开光切割

打开激光光闸，启动激光切割，具体操作参考项目 2 任务 1 的展示柜案例。

3）切割成品展示

激光切割加工后的工件如图 4.29 所示，整体结构完整，切割面光滑无毛刺，拐角圆弧处无过烧现象。

图 4.29　法兰加工实物图

项目 5

航天航空领域的应用

📖 项目描述

　　航天航空业是集技术、信息、制造为一体的综合性尖端技术行业，也是我国着重发展的具有战略意义的高科技行业。航空飞机、载人航天飞船和空间探测器等都是常见的飞行器。从飞行器外壳到构件再到其他各式航天器材的零件加工，都涉及激光加工技术。

　　常见的航天航空激光切割材料有不锈钢、钛合金、铝合金、氧化铍等复合材料，这些材料都具有高强度、高硬度和耐高温的特点。随着航天航空业对加工设备精度和产量的要求不断提高，激光切割凭借周期短、无需模具、成型快等特点，成为航天航空设备加工的主要方式。

　　航天航空设备具有多品种、小批量的特点，尺寸具有多样性，如航空发动机（见图 5.1），在加工方式上同时涉及二维和三维加工，而传统的机械加工方式柔性差、效率低、成本高，相比之下，激光切割同时具备切割效率高、切割质量好和柔性加工能力强等优点。

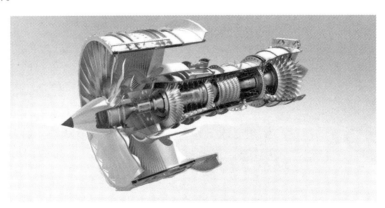

图 5.1　航空发动机内部结构图

　　本项目通过对激光切割在航天航空领域应用的学习，使学生能完成零件处理、编程排版、上机切割等学习任务，掌握激光切割加工的基本流程，熟练使用 cncKad 编程软件，熟练掌握 CNC 激光数控加工系统的使用和激光设备的操作方法，了解基本的程序设计处理、工艺应用和培养应对实际切割问题的能力。本项目实训以大族 LION 3015 光纤激光切割机为例。

任务 1　流道板案例实训

任务分析

1）加工要求

其为保证飞行器性能，需在其航空发动机尾部安装一套流道散热装置。如图 5.2 流道叶型板，采用不锈钢材料，整体厚度 2.5 mm。需满足轮廓精度为 0.05 mm，前、后缘半径为 R0.12 mm，流道板上的叶型孔装配间隙为 0.05～0.1 mm，孔位偏差不小于 0.08 mm。需控制好批量生产的精度。

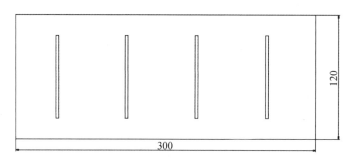

图 5.2　流道叶型板加工图纸（单位：mm）

2）加工图纸分析

从 CAD 图纸需求可以看出，该零件需要加工的材料为 2.5 mm 规格的不锈钢材料，整体为简单轮廓，编程时可以考虑添加共边切割以节省板材，需注意精度控制和内轮廓的位置偏差。

3）切割技术指标

需满足不同轮廓的精度和倒角要求，应注意在编程时添加补偿。后期需要在流道板上进行焊接等拼装行为，但不能让切割断面被氧化，所以需要使用氮气作为辅助气体。

任务实施

1）CAM 编程

（1）订单创建

由于此零件精度要求较高，又需要批量切割，可以先从套料软件导入零件，再对单个零件进行处理，最后开始套裁。打开 AutoNest 软件，新建订单，如图 5.3 所示。

"订单创建"设置操作具体内容可参考项目 3 任务 2 的压板

图 5.3　套料软件

案例。

　　某些时候材质或者厚度可能在软件中没有事先设置，若在"已选工件设置"弹窗中找不到如图 5.4 所示的 2.5 mm 板材厚度，可在创建订单前添加。

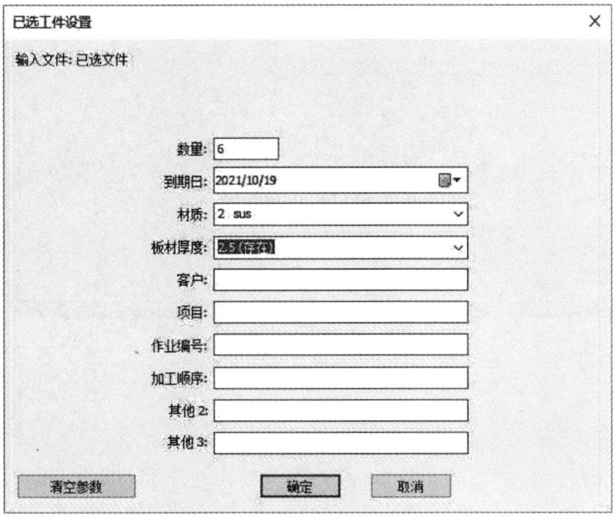

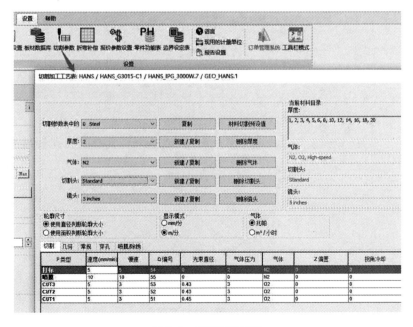

图 5.4　选择板材厚度

　　添加板材厚度的方式分两步，具体操作如下：

　　步骤 1　选择"设置"→"切割参数"，选中切割参数表中的"0 Steed"→厚度选择"2"→选择"新建/复制"→复制厚度"2"的基础参数到厚度"2.5"→点击"确定"，如图 5.5～图 5.6。

图 5.5　设置切割参数

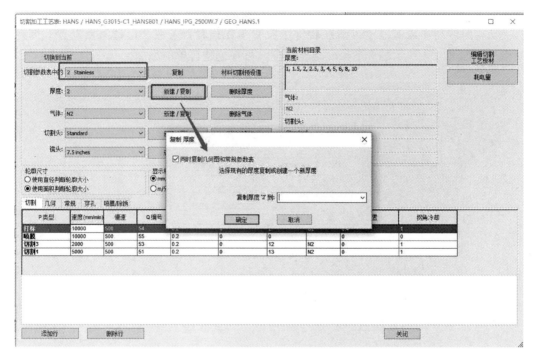

图 5.6　新建厚度

步骤 2　选择"板材数据库"，材质选择"2 sus"→厚度选择"2.5"→选择"新建/复制"→复制厚度"2"到"2.5"→点击"确定"，如图 5.7～图 5.8 所示。

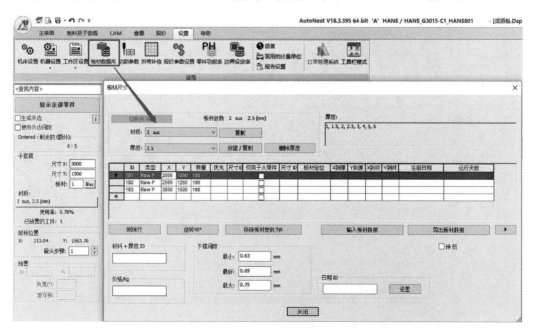

图 5.7　新建板材数据库

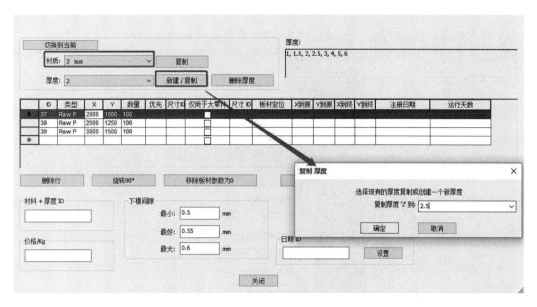

图 5.8 复制厚度

（2）零件编辑

工件输入设置完毕后，可使用软件的"一键自动处理"功能。

自动处理后可以看到零件初步导入后软件的自动处理结果，由于需要对零件单独进行处理，可以先从此页面切转到 cncKad 软件上设置工艺路径，待完全设置好后再转回此界面对整体路径进行处理。有两种方式切换到 cncKad。

方法 1：添加零件后使用"编辑"功能直接跳转到 cncKad 软件，如图 5.9 所示。

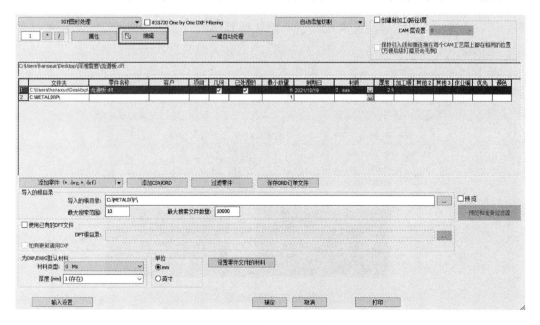

图 5.9 切换到 cncKad-方法 1

方法 2：点击"确定"后进入套料软件主菜单，选中单个零件，右击鼠标出现如图 5.10 所示弹窗，选择"在 cncKad 编辑零件"，软件会自动跳转到 cncKad 软件。

图 5.10　切换到 cncKad-方法 2

（3）工艺处理

在 cncKad 中根据具体要求对工艺路径进行细处理。注意此零件需要的精度略有不同，可在前期试刀时通过游标卡尺测量不同区域具体的补偿值，然后记录数据便于使用。轮廓前、后缘倒角可通过如图 5.11 和 5.12 所示的编辑功能进行倒角处理，处理后的细节如图 5.13 所示。装配间隙和位置偏差控制通过修改切割层添加补偿，总体轮廓精度通过切割参数表补偿。

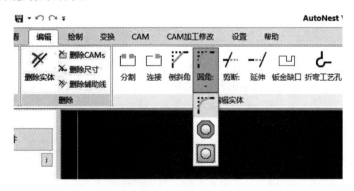

图 5.11　倒角处理

图 5.12　选择圆角半径

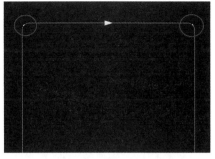

图 5.13　倒角处理后的细节

为了防止切割时小轮廓翘起导致切割头碰板出现意外情况，必要时可将内部小轮廓添加微连接。微连接具体需要的长度应根据实际情况添加，此处可设置为0.1 mm，防止因微连接过长导致后期不易将材料取出的情况发生。

设置微连接的步骤如下："自动添加切割"→"轮廓搭接"→内轮廓勾选"使用"→轮廓搭接数值设置为"0.1"→"运行"，具体设置如图 5.14 所示。本案例所有内轮廓都可以使用微连接，尺寸设置从 0 到最大尺寸 9 999 999，轮廓搭接数值即为微连接数值。工件上有橙色圆圈提示的区域即为应用微连接数据的区域，显示效果如图 5.15 所示。

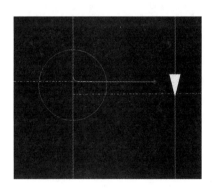

图 5.14　设置微连接

图 5.15　微连接显示效果

本案例描述的微连接设置方法为手动设置。自动设置微连接的方法可参考项目 3 任务 2 压板案例的"数量设置"中设置微连接的相关描述。

把零件细节处理完成后，再转到套料软件进行整体规划。点击"保存"后关闭当前窗口会弹出如图 5.16 所示的"更新零件"提示框，选中零件再点击"确定"即可跳转到 AutoNest 软件。

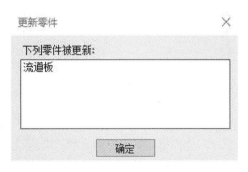

图 5.16　更新零件

（4）板料及夹钳

"板料及夹钳"的具体操作内容可参考项目 2 任务 1 的展示柜案例，对于重复内容本案例不做赘述。

（5）全部信息

为了保证板材利用率，先确定左边操作栏中已勾选"生产共边"和"使用共边间隙"。由于在实际生产中，激光热处理可能会导致板材变形，所以不能对所有的工件都添加共边，建议两两一组共边，需手动修改。手动移动工件可修改"箭头步骤"的移动距离（单位：mm），如图 5.17 所示，确保工件的相对位置合理。建议每组工件相对位置设置到 3 mm。

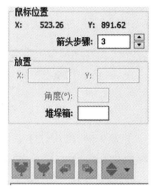

图 5.17　箭头步骤

（6）自动套裁

在工具栏中选中"自动套裁"，弹出如图 5.18 所示的自动套裁弹窗。本案例中需要设置的工件较多，套裁模式可勾选"高级自动套裁"，运行最长时间设置为 60 s，方向设置为"左→右"，勾选"使用公边间隙"，偏置都设为 10 mm，设置完毕后点击"运行"。

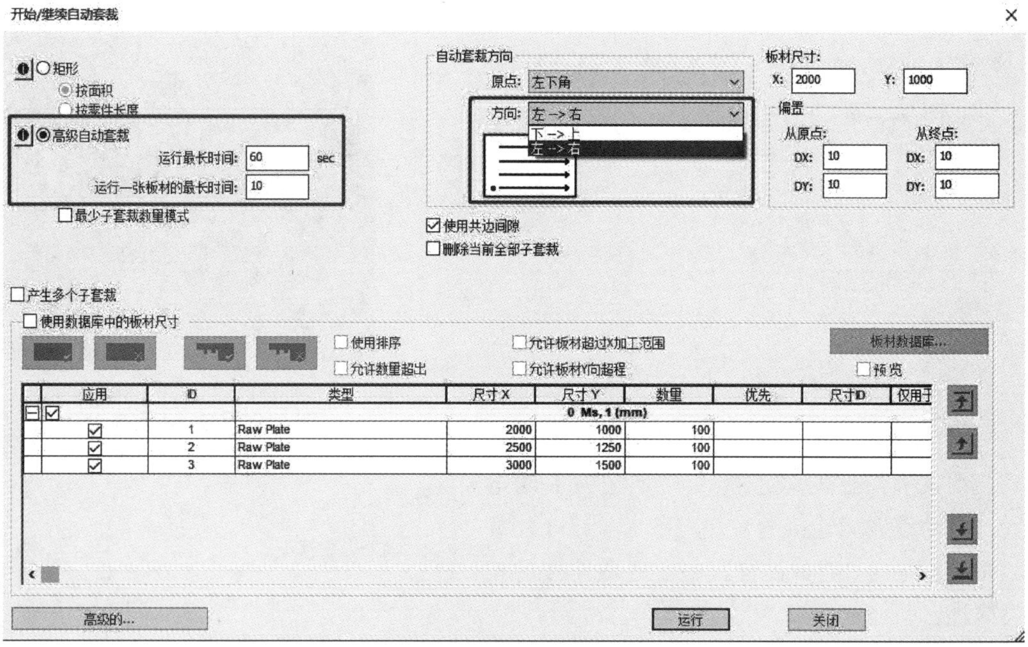

图 5.18　自动套裁

自动套裁完毕后所有工件都使用了共边。使用共边的局部效果如图 5.19 所示。

再手动移动工件相对位置，保证最终切割质量。移动位置后的局部效果如图 5.20 所示。

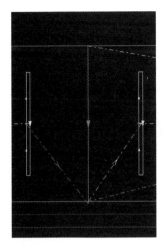

图 5.19　共边局部图

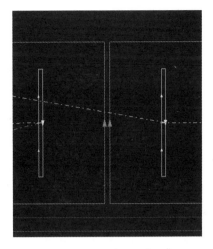

图 5.20　不共边局部图

（7）NC 程序

以上设置完成后，就可以开始输出子套裁程序。点击"生成子套裁 NC 程序"，勾选"保持当前切割"，然后连续两次点击"下一步"，再取消勾选"启用切割优化"，连着连续两次点击"下一步"，直至点击"完成"，具体内容可参考项目 2 任务 1 的展示柜案例。

（8）程序模拟

"程序模拟"的具体操作参考项目 2 任务 1 的展示柜案例。

（9）程序上传

NC 程序确认无误后，点击"发送到机器"或"发送到磁盘"，将工件程序上传至机床，或者通过外部存储设备将程序文件导入至机床后，即可开始进行切割。

2）设备操作

（1）喷嘴更换

根据所需加工材料和切割辅助气体，再挑选对应的喷嘴。

由于需要切割的板材厚度是 2.5 mm，在工艺参数筛选部分并无此选项，此时可直接选择临近厚度再通过工艺参数文件名称确定具体的喷嘴型号和工艺。如图 5.21 工艺参数筛选所示，此次案例选择的是 D3.0C 喷嘴，工艺参数文件名为 T2.5-SUS-D3.0C-N2-07。确定喷嘴型号后，移动切割头到合适位置将其装上即可。

（2）气体测试

换好喷嘴后，选择"气体测试"按钮进行气体测试，具体操作可参考项目 2 任务 1 的案例。需注意的是本次案例加工质量要求较高，放气时间可以稍微延长以保证气体纯度。

（3）同轴调校

移动切割头到合适的位置进行同轴调校，具体操作参考项目 2 任务 1 的展示柜案例。

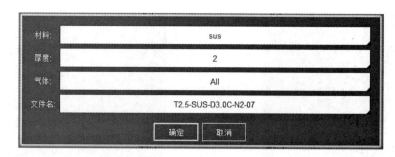

图 5.21　工艺参数筛选

（4）切割头标定

将切割头移动到板材上方开阔区域后使用"板面标定"即可，标定完毕后可开始下一步操作。

（5）程序选择

在"生产"界面中点击"当前程序"，找到该"流道板"的 NC 文件，加载后查看"生产"界面显示的工件是否存在问题，若无问题可进行下一步操作。

（6）工艺参数选择

确定好程序后，打开工艺参数界面。由于加工精度较高，非必要尽量不要修改机床本身自带参数；若是精度不达标，可重新编程修改程序中的补偿值。

（7）寻边设置

本次加工可选择 3 点寻边方式，如图 5.22～图 5.23 所示。配合走边框功能，可确定板材加工范围是否足够。

图 5.22　3 点寻边

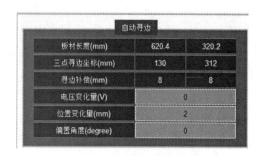

图 5.23　3 点寻边位置设定

（8）开光切割

切割头沿加工区域的最小外轮廓空运行一周后，若确定板材范围足够，可将速度倍率开关打到 100％后直接开启激光光闸进行切割，如图 5.24 所示。

图 5.24   开启激光光闸

3）切割成品展示

激光切割加工后的工件如图 5.25 所示，整体无变形，切割零件下表面无渣。

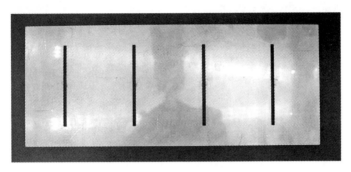

图 5.25   流道板整体

经测量，内轮廓的位置偏差和尺寸偏差在误差范围内，所有采取倒角处理的区域倒角正常且无过烧现象，切割断面光滑且平整，如图 5.26～图 5.27 所示。

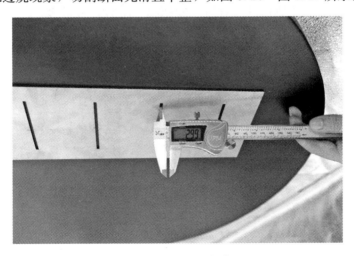

图 5.26   测量内轮廓

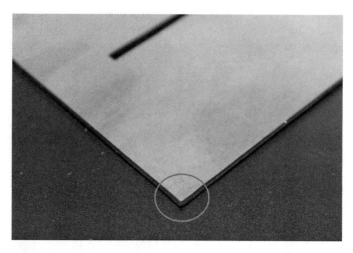

图 5.27　倒角细节

任务 2　火焰筒案例实训

任务分析

1）加工要求

为保证进入飞机发动机内部的燃料充分燃烧，需要在其燃烧室内部安装钛合金材料的火药筒装置。材料整体厚度为 2 mm，精度为 0.10 mm，需满足切割时对零件自动打标，切割后不影响焊接工序。火焰筒内部部分零件加工图纸如图 5.28 所示，共需加工一个火焰筒筒体，两个大扩压器和两个小扩压器。

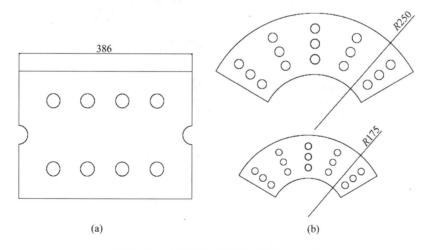

(a)　　　　　　　　　　　　　　　(b)

图 5.28　火焰筒加工图纸（单位：mm）

2）加工图纸分析

从 CAD 图纸可以看出，共提供三个零件的加工样式，每个零件内部都是规则的小轮廓，套裁时主要考虑排版的利用率即可。

3）切割技术指标

要求加工后不影响后续焊接处理，故使用氩气作为辅助气体参与切割；由于内部小圆过多且大小不一致，需注意控制引线长度避免造成损伤。

任务实施

1）CAM 编程

（1）订单创建

由于零件精度要求较高，且部分零件不止加工一个，可以使用 AutoNest 软件，如图 5.29 所示。若需对单个零件进行处理，再单独转到 cncKad 软件即可。

图 5.29　套料软件

本案例中"订单创建"的具体操作可参考项目 3 任务 2 的压板案例。

（2）数量设置

订单创建完成后先对零件进行"一键自动处理"，如图 5.30 所示，待软件初步处理判断无误后，再根据加工数量要求，对某些零件数量进行手动修改，如图 5.31 所示。

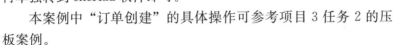

图 5.30　一键自动处理

	文件夹	零件名称	客户	项目	几何	已处理	最小数	最大数
1	C:\Users\hex131837\Deskt	火焰筒零件_001.dft			☑	☑	1	1
2	C:\Users\hex131837\Deskt	火焰筒零件_002.dft			☑	☑	1	1
3	C:\Users\hex131837\Deskt	火焰筒零件_003.dft			☑	☑	1	1
4	C:\METALIX\P\						1	1

图 5.31 零件初始数量

若不清楚零件名称对应的具体零件，可开启预览功能，预览效果如图 5.32 所示。

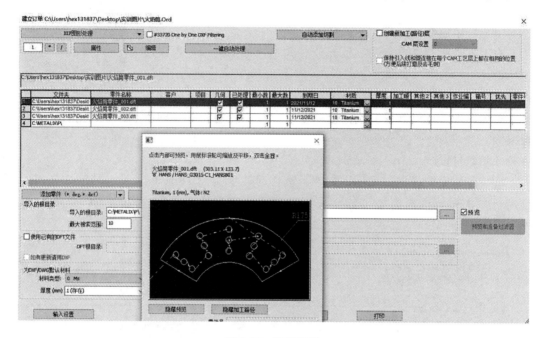

图 5.32 预览效果

本案例只需要修改两个扩压器的数量，将最大数量和最小数量都设置为 2，确认导入后即可产生对应的数量变化，如图 5.33 所示。

	文件夹	零件名称	客户	项目	几何	已处理	最小数	最大数
1	C:\Users\hex131837\Deskt	火焰筒零件_001.dft			☑	☑	2	2
2	C:\Users\hex131837\Deskt	火焰筒零件_002.dft			☑	☑	2	2
3	C:\Users\hex131837\Deskt	火焰筒零件_003.dft			☑	☑	1	1
4	C:\METALIX\P\						1	1

图 5.33 修改后零件数量

导入零件后如果对软件自动生成的工艺路径不满意，可单独设置具体工艺路径。一般对工件加工要求较高的时候，建议每种工件的路径都手动设置一遍，在保证精度的前提下也能确保工件切割效果达到更优。

"跳转至 cncKad"单独设置零件的具体操作可参考项目 5 任务 1 的流道板案例。

（3）切割参数设置

本案例中"切割参数"设置的具体操作可参考项目 2 任务 2 的窗花案例。

（4）板料及夹钳

从图 5.34 中可明显看出单独一个工件的利用率没有达到最优，工件内轮廓各引线的长度和位置可稍微修改，且工件外轮廓引线位置不合理。

通过板料及夹钳设置零件加工区域，把偏置设置为 5，选择"板材设置＝零件＋偏置"增加板材利用率，如图 5.35 所示。

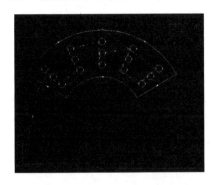

图 5.34　不合理的切割方式　　　　　　　　图 5.35　板料及夹钳

（5）编辑 CAM

放大界面查看工件的内轮廓路径，鼠标右击零件轮廓，选中如图 5.36 所示的"编辑 CAM"功能，会弹出如图 5.37 所示的"编辑轮廓切割"窗口，在内轮廓区域中将几何图类型修改为"矩形余料"，设置长度为"2"、半径为"0"。

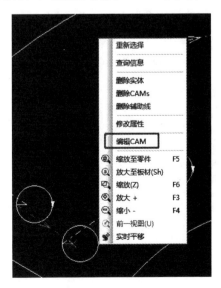

图 5.36　编辑 CAM

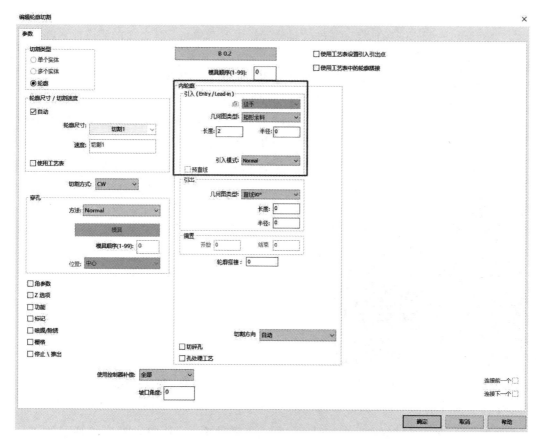

图 5.37　编辑轮廓切割

　　点击"确定"后,在弹出的对话框中勾选"所有相同形状的都使用相同角度"(见图 5.38),则此时所有内轮廓的引线都已改变了长度和位置;再对外轮廓的引线进行同样的修改,修改引线时需注意取消勾选"使用工艺表设置引入引出点"和"使用工艺表中的轮廓搭接"(见图 5.39),修改完毕后总体效果如图 5.40 所示。

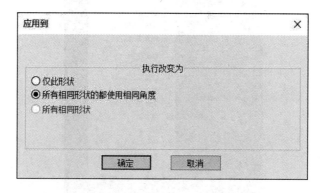

图 5.38　勾选"所有相同形状的都使用相同角度"

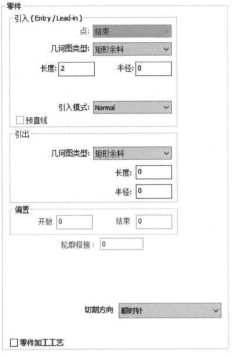

图 5.39　取消勾选工艺表相关选项

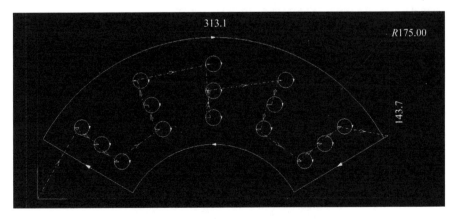

图 5.40　修改完毕后的总体效果图

对一个零件修改完毕后保存并关闭当前界面，再对其他零件进行细处理。回到 AutoNest 软件会自动弹出窗口，选中"火焰筒零件_001"后点击"确定"即可，如图 5.41 所示。可用类似方式处理其他零件。

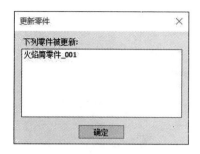

图 5.41 零件被更新弹窗

排版过程中需要自动打标零件，可选择"零件 ID 文本"选项进行自动打标设置，如图 5.42 所示。

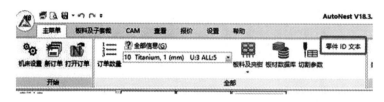

图 5.42 零件 ID 文本

"零件 ID 文本"设置中有多种功能，因不同的零件需要设置的编号不同，可单独对某一种选中的零件进行设置。

设置"零件 ID 文本"操作步骤如下：选中需要设置的零件→点击设置"零件 ID 文本"→选择"零件号"→勾选"自由输入"，输入"A-A11-6015"→最小字体大小和最大字体大小都设置为"3"→位置选择"左上角"→勾选"避开孔区域"→排版取向选择"水平"→应用到"选择的零件"，如图 5.43 所示。

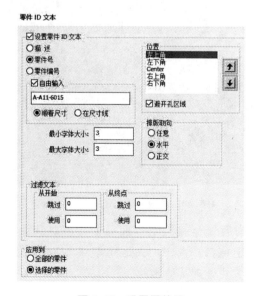

图 5.43 设置零件号

所有输入的数据设置完成后，点击"设置零件 ID 文本"按钮，再把弹窗关闭即可，如图 5.44 所示。

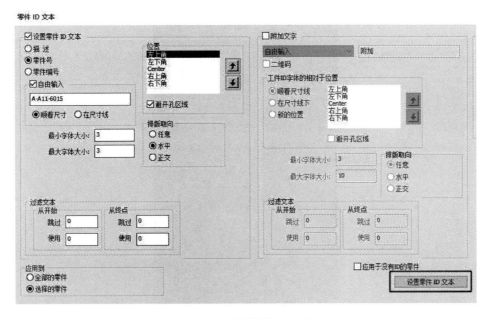

图 5.44　设置零件 ID 文本

（6）自动套裁

"自动套裁"模式选择"矩形"和"按面积"，自动套裁方向设置为"下→上"，偏置的各项的设置为 10，其他不用设置，如图 5.45 所示。

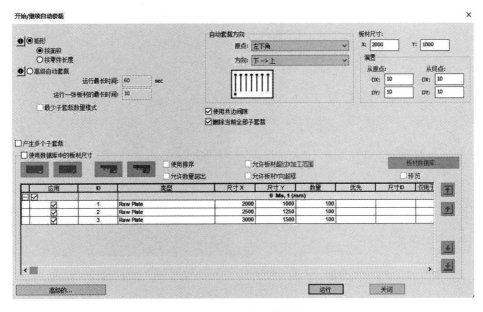

图 5.45　自动套裁设置

设置完毕后，得到的套裁结果如图 5.46 所示。

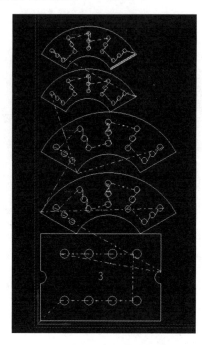

图 5.46 套裁结果

若零件间间距过小，激光光束在加工某一零件时可能会破坏其他零件，这时就要手动调节零件的相对位置。先修改箭头步骤的数值，如图 5.47 所示。再选中零件，点击键盘方向键进行移动。移动结果如图 5.48 所示，此时各个零件的相对位置均已趋于合理。

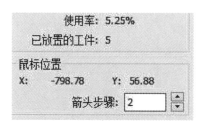

图 5.47 修改箭头步骤   图 5.48 调整后的零件间距

实际上只要开启了窗口右下角的无干涉模式，如图 5.49 所示，零件间并不会产生干涉，但是为了安全以及保证材料在切割过程不会产生变形，有时还需要手动调节相对位置。

（7）NC 程序输出

以上设置完成后，可直接生成子套裁 NC 程序。具体操作内容可参考项目 2 任务 1 的展示柜案例。

图 5.49　无干涉模式

（8）程序模拟

本案例"程序模拟"的具体操作内容可参考项目 2 任务 1 的展示柜案例。

（9）程序上传

NC 程序确认无误后，点击"发送到机器"或"发送到磁盘"，将工件程序上传至机床，或者通过外部存储设备将程序文件导入至机床后，即可开始进行切割。

2）设备操作

（1）气体更换

Lion 系列设备机床的标准规格只有高压和低压两路管道，其中低压管道连接氧气，高压管道连接氮气。切割钛合金必须使用高压氩气作为辅助气体参与切割，所以在使用机床切割前需更换合适的高压气体，将氩气接入机床的高压管道，如图 5.50～图 5.51 所示（注意：正常标准机器没有氩气管道，所以需要拆掉氮气管道接入氩气管道。由于钛合金成本较高，在实际教学中可忽略此步骤并且使用氮气切割同等厚度的不锈钢，同样也可达到学习效果）。

图 5.50　高纯氩

图 5.51　高压管道

（2）喷嘴更换

管道更换完毕后根据具体的工艺参数选择合适的喷嘴，由于工艺参数的气体选项中并无氩气分类，需按照材料的材质分类后选择所有气体选项，才能找到正确的参数。不锈钢和钛合金都是使用气化切割的原理，切割钛合金的速度比切割不锈钢略慢。本案例可以选择 D3.0C 喷嘴，如图 5.52 所示。

（3）气体测试

更换合适喷嘴后需要注意此时的高压管道连接的是氩气，需要先使用气体测试功能排空高压气路中的氮气。氩气纯度要求较高，至少需要排气 3～10 s，如图 5.53 所示。

图 5.52　查看工艺参数

图 5.53　气体测试

（4）同轴调校

移动切割头到合适的位置进行同轴调校，具体操作参考项目 2 任务 1 的展示柜案例。

（5）切割头标定

手动移动切割头到板材上方，进行板面标定，具体操作参考项目 2 任务 1 的展示柜案例。

（6）程序选择

使用程序选择功能选择对应的火焰筒程序，如图 5.54 所示，点击"确定"按钮，自动加载回到"生产"界面。

（7）工艺参数选择

程序选择完毕后回到工艺界面后，需对照观察切割层是否对应，如图 5.55 所示。由于钛合金相对较难切割，开光之前还需跳转到如图 5.56 所示界面，确定穿孔参数已调用。此时应调用的辅助气体是高压气体管道连接的氩气。穿孔参数组别号应调用穿孔 1，穿孔 1 的具体参数会在机床出厂时设置完毕，非专业人员不可随意更改，如图 5.57 所示。

（8）寻边设置

多个大尺寸零件切割必须通过设置寻边方式保证安全，具体操作步骤可参考项目 2 任务 1 的展示柜案例。

（9）走边框

开启走边框功能，检查板材尺寸是否充足，具体操作参考项目 2 任务 1 的展示柜案例。

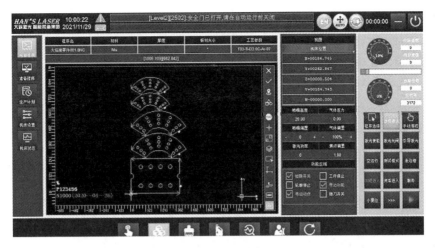

图 5.54　程序选择

图 5.55　工艺参数选择

穿孔参数组别号 (0/1/2)	穿孔1

图 5.56　调用穿孔

穿孔 参数名		穿孔1
穿孔方式 (1=一阶/2=二阶/3=三阶)		一阶
① 功率曲线 (11-20)	*	11
① 焦点偏置 (-12-8mm)	*	-5
① 喷嘴高度 (1-30mm)	*	8
①气体类型		
① 气体压力 (0.5-25Bar)	*	3
① 停光吹气 (ms)		0
① 穿孔时间 (ms)	*	150

图 5.57　穿孔参数

（10）开光切割

因为钛合金本身的材质问题，切割时可能会有反蓝光现象，此时需仔细观察激光是否已经将材料切透，若切割过程中突然出现返渣现象，需及时暂停。

3）切割成品展示

激光切割加工后的工件如图 5.58 和图 5.59 所示，由于工件较薄且加工的尺寸要求较高，有时需要多次测量以保证精度。

图 5.58　火焰筒筒体

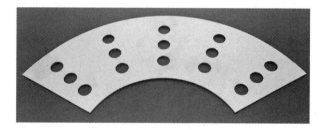

图 5.59　扩压器整体

收刀口处的精度较难把控，有时需要对收刀口的光滑度进行评测，观察是否达标，如图 5.60 所示。解决收刀口问题可适当设置微连接。

图 5.60　收刀细节图

项目6

农机领域的应用

项目描述

我国是农业大国，土地辽阔，也需要足够的农业生产力养活众多人口。近年来，国家出台了一系列农机购置的补贴政策以推进农业机械化。农业的机械化，使得农业对青壮年劳动力的依赖程度降低，因而促使更多青壮年劳动力向非农产业转移，促进了社会生产的大分工，促进了国家经济的繁荣。

农机制造是一个十分庞大的技术工程，需要一系列高技术含量的工艺操作来完成。随着农机产品的不断升级和新产品的开发，新型加工方式在处理复杂形状农机零件表现出色，应用涉及耕地机械、整地机械和收获机械等，还能加工一些复杂曲面的农业用具，如犁体曲面、水泵叶轮和送料螺旋等，并能根据具体的生产情况做出相应调整。农耕工作有区域的广泛性和季节的集中性等特点，如每年春季集中播种，秋季集中收割，在短时间内工作量大，对零件的承压和耐久能力有非常高的要求。传统的零件生产方法需要制作模具，且零件的形状还需要后续不断调整才能达到最终效果，零件的损耗不可避免。因此，若是利用传统的机械加工方法制造农业机械零件（如图6.1所示），难以达到理想的效果。

图6.1 农机的传动齿轮

激光切割在农机行业中主要应用于4～6 mm的钢板，且钣金件品种多，更新速度快；传统的农机加工普遍采用冲床的方式，对设备的消耗大，长此以往会限制农机产品的更新换代和农业机械技术的进步。激光加工能够借助CAM编程软件完成任何板材的设计和切割，不仅速度快、效率高，更是直接节省了模具改换所耗费的时间，且切割头的加工时间短，能连续加工。激光切割设备同时具备板材的上下料功能，前一批板材切割完毕后即可马上交换下一批原料板材继续进行加工，能有效节约时间成本。

本项目要求学生通过任务实训，了解激光切割在农机行业的发展前景与优势，通过设计零件，编程排版，熟练使用 AutoNest 编程软件和 CNC 激光数控加工系统，独立上机切割完成任务，掌握农机部件的设计思路和工艺技巧。本项目实训以大族 LION 3015 光纤激光切割机为例。

任务 1　传动齿轮案例实训

任务分析

1）加工要求

毛坯为 500 mm×500 mm×16 mm 规格的碳钢板材，要求激光在板材上加工出如图 6.2 所示的齿轮零件一个，其中齿轮齿角尺寸不能有太大误差以免影响装配使用。

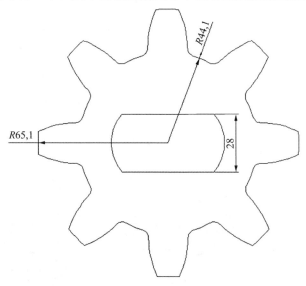

图 6.2　传动齿轮加工图纸（单位：mm）

2）加工图纸分析

从 CAD 图纸可以看出，零件分为内部轮廓和外部轮廓，最大外径为 65.1 mm，板材满足切割尺寸。板材的厚度较高，而零件的尖角部分过多，所以在切割的时候要注意尖角部分的加工处理，防止过烧。

3）切割技术目标

要求切割面保留碳钢材料的本色且下表面无明显毛刺、熔渣，选择氧气作为辅助气体参与切割。为了拐角处不过烧，可选取适当的角处理工艺。

任务实施

1）CAM 编程

（1）零件导入

本次齿轮加工为单个零件编程，可以使用 cncKad 软件编程，零件导入的过程步骤如下。

图 6.3 cncKad 软件图标

步骤 1 打开 cncKad 软件，进入软件主界面，导入待加工零件，如图 6.3 所示。

步骤 2 在导入零件窗口选择需要编辑的零件图纸，可以勾选"预览"查看零件图形，确认单位正确后即可点击确定导入。在右边的预览窗可以看到零件的轮廓图形，在正常生产过程中零件图纸会比较多，可以通过命名及预览来确定所要加工的零件图纸。

步骤 3 软件在安装时默认单位为"mm"，如有需求更换，可在如图 6.4 所示的导入界面将其更换为"英寸"。

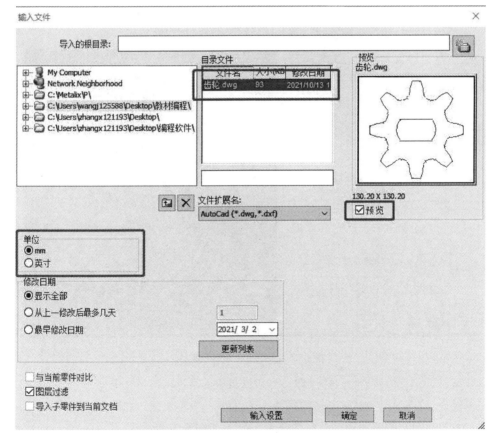

图 6.4 修改单位

步骤 4　确定零件图纸后，在选择机器界面，确定好将要进行切割加工的机型，如图 6.5 所示。

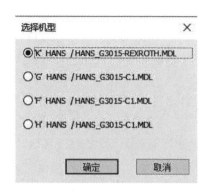

图 6.5　选择机型

步骤 5　为了保证加工过程中图层不会出现意外情况，需要将所有图层变为白色实线，保证导入图形时图层的颜色和线型不会发生变化，如图 6.6 所示。

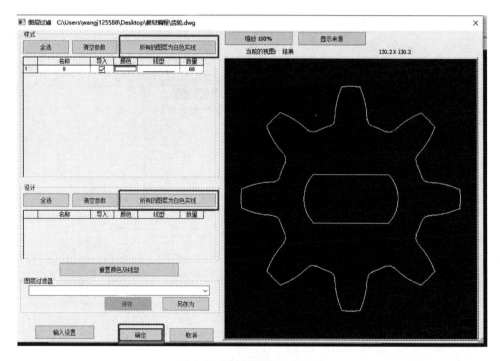

图 6.6　所有图层为白色实线

步骤 6　新建程序文件，并保存至专用文件夹。

步骤 7　在导入零件窗口选择需要的板材材质（Ms 碳钢）和厚度（16 mm），需确认导入的零件的文件位置和工艺参数是否正确，如图 6.7 所示。

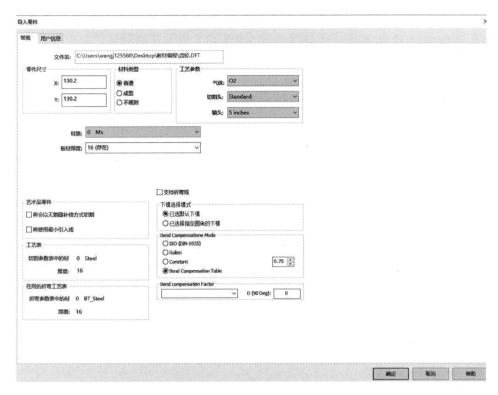

图 6.7　零件信息

（2）零件检查

在导入零件并选择好相应机器型号后，通过"检查"功能对零件的 CAD 图纸进行检查校对，查看是否存在缺陷，如图 6.8 所示。若检查到不符合校对参数的，可进行修改，如凸度、公差等。

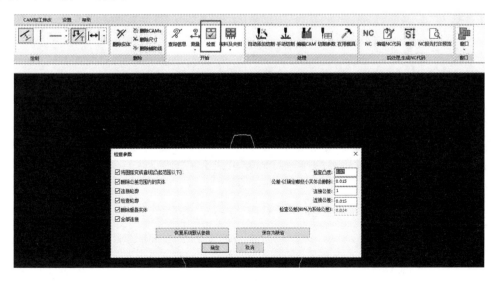

图 6.8　检查界面

（3）切割参数设置

在生成程序前，要确定切割参数是否需要更改。打开切割参数界面，查看切割参数是否需要更改。确认"切割层1""切割层2"和"切割层3"符合工件切割轮廓即可。

本实例在加工过程中不需要进行分层处理，在设置切割层时可以使用默认切割参数，如图6.9所示：

建议切割3层的设置：轮廓最小值为0，轮廓最大值为8；

建议切割2层的设置：轮廓最小值为8，轮廓最大值为20；

建议切割1层的设置：轮廓最小值为20，轮廓最大值为9 999。

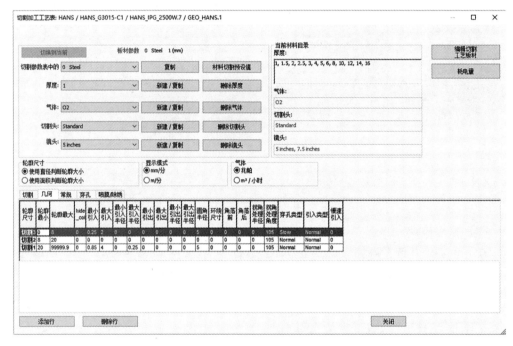

图6.9 切割参数界面

（4）自动添加切割

设置好所需参数后，就要对加工工件进行切割编辑处理。点击"自动添加切割"，即可在自动添加切割中设置切割顺序，进行孔处理和打标等工艺的处理，如图6.10所示。本次零件是齿轮工件，不需要进行切割顺序、打标等相关工艺的处理，可以直接开始运行。

打开"自动添加切割"界面，直接点击"运行"即可，如图6.11所示。

图6.10 自动添加
切割图标

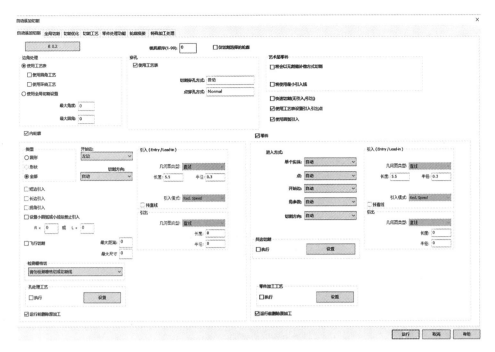

图 6.11　自动添加切割界面

运行后，编程软件会自动对加工工件进行切割加工处理，切割处理结果如图 6.12 所示。

本次加工的传动齿轮分为内轮廓与外轮廓，工件自动添加切割路径内外轮廓的引线位置，内轮廓引线在直线上，外轮廓引线在板材加工范围内（在齿轮拐角处）。由于本次加工的板材是 16 mm 的碳钢板材，且外轮廓引线在齿轮拐角处，引线与工件轮廓的夹角过小，容易引起拐角过烧，需要手动修改引线的切入方向及位置。

引线的修改在工具栏上方的 CAM 界面，点击 "CAM" → "修改轮廓引入点"，引线的方向角度可以用鼠标点击引线前端进行修改，修改后的引线位置如图 6.13 所示。

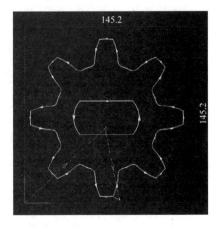

图 6.12　自动添加切割路径

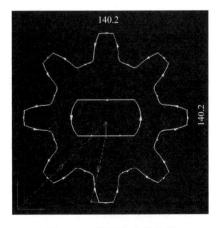

图 6.13　引线修改后位置

（5）板料及夹钳设置

自动添加切割加工处理后，工件轮廓会按照基础参数设置进行编辑加工。本次实训为加工单个零件，只需要按照零件的轮廓范围进行加工切割即可。板料及夹钳参数的设置如图 6.14 所示。

图 6.14　板料及夹钳设置

打开"板料及夹钳设置"界面，在板材功能界面中选择"板材＝零件"，这时加工工件的轮廓范围会根据加工工件的尺寸进行合适的调整。软件显示界面的效果如图 6.15 所示，工件外部的红色轮廓框紧贴工件轮廓，即"工件尺寸＝工件轮廓"。

（6）NC 程序输出

根据需求设置好引线及工艺路径后，点击"NC"生成程序模拟。在生成程序的过程中要注意，如果切割路径手动更改过，需要取消勾选"启用切割优化"，防止自动优化更改路径，如图 6.16 所示。

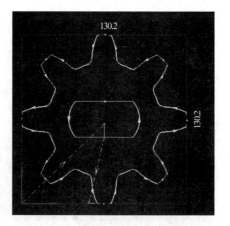

图 6.15　"板材＝零件"效果图

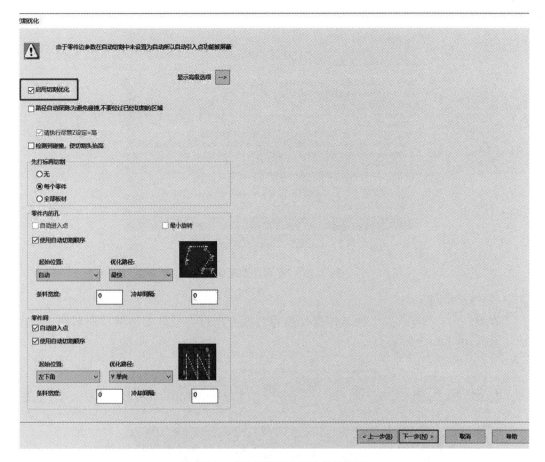

图 6.16 "启用切割优化"选项界面

在程序生成过程中，有一项"检查引入线-排版"设置，这个功能是防止在排版切割中，引线的改动破坏工件的整体性。打开此功能可自行选择检查措施，一般选择"如果引入线破坏工件则提示警告"，当出现警告时可按照自身需求更改引入线，如图6.17所示。

图 6.17 检查引入线-排版界面

具体操作步骤如下：在工具栏中选择"NC"，再连续两次点击"下一步"，然后取消勾选"启用切割优化"，接着连续两次点击"下一步"，勾选"如果引入线破坏工件则提示警告"，最后点击"完成""确定"。

当弹出如图 6.18 所示的窗口时，表示 NC 程序已经生成成功。

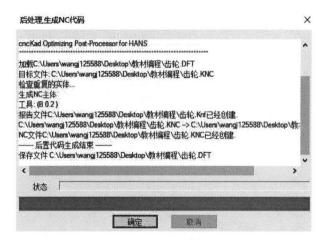

图 6.18　NC 程序生成成功

（7）程序模拟

本案例中"程序模拟"的具体操作内容可参考项目 2 任务 1 的展示柜案例。程序模拟界面如图 6.19 所示。

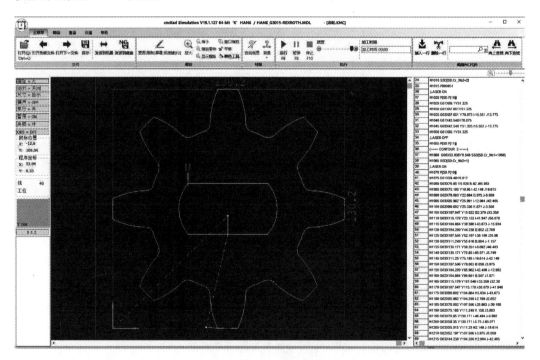

图 6.19　程序模拟界面

（8）程序上传

NC 程序确认无误后，点击"发送到机器"或"发送到磁盘"，将工件程序上传至机床，或者通过外部存储设备将程序文件导入至机床后，即可开始进行切割。

2）设备操作

工件的切割程序上传至机床后，按照设备加工流程进行切割，根据工件及材质厚度的不同，在准备过程中使用不同的功能及工艺完善并解决存在问题。

（1）喷嘴更换

在机床的工艺界面确定工艺切割参数，根据所采用的工艺参数选用合适的切割喷嘴。选用好喷嘴后将喷嘴更换安装到切割头上。

（2）气体测试

本案例采用氧气切割的方式，因此在进行切割时要保证氧气的纯度达到标准，气体管道内不能残留其他气体。如不及时排除，会影响切割工件的效果，甚至损坏喷嘴和保护镜等易损耗件。气体测试具体做法参考项目 2 任务 1 展示柜案例的对应步骤。打开"服务"功能，如图 6.20 所示。

图 6.20　服务界面

打开"气体测试"界面，选择高压气，输入气压值，点击"气体打开"进行放气操作，在进行测试时也可变动压力，在测试过程中确定气压是否正常，如图 6.21 所示。如有异常需进行处理后才可进行切割。

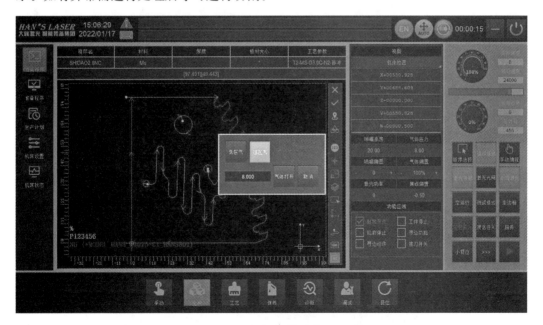

图 6.21　气体测试

（3）同轴调校

打开"服务"功能，进行同轴调校，如图 6.22 所示，具体操作参考项目 2 任务 1 的展示柜案例。

（4）切割头标定

在切割前要先对喷嘴进行"随动标定"。打开"生产"界面，点击右侧的"随动标定"按钮，切割头会自动进行标定动作。等待标定结束后可将切割头移动至板材处。

图 6.22　同轴调校

（5）程序选择

在"生产"界面点击"当前程序"，如图 6.23 所示，选择编辑好的齿轮程序。加载工件程序完成后，界面会弹出"生产"界面。

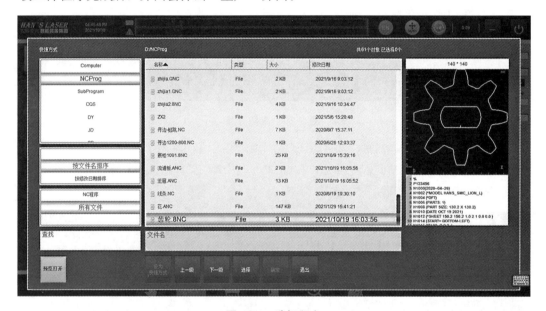

图 6.23　选择程序

（6）工艺参数选择

确定好程序后，打开工艺切割参数界面，如图 6.24 所示。传动齿轮工件分为内外轮廓，但并没有进行分层切割。试切参数无误后，打开最右侧"引线和全局"界面，本次工件的加工需要注意外轮廓拐角容易过烧。针对此现象，可通过以下几种方式进行优化：

①在 cncKad 编程时对轮廓的尖角进行圆弧处理（此方法适合尖角度数小且对锐角度要求不高的工件）；

②在工艺切割时使用拐角冷却处理，在切割过程运行至拐角处时进行关光、冷却、吹气，消除拐角处的热影响范围，等板材温度下降后再进行另一半转角切割。

传动齿轮工件的锐角度不高，选择拐角冷却法处理即可。在"工艺"→"引线和全局"界面设置相应的拐角关光冷却参数，如图 6.25 所示。

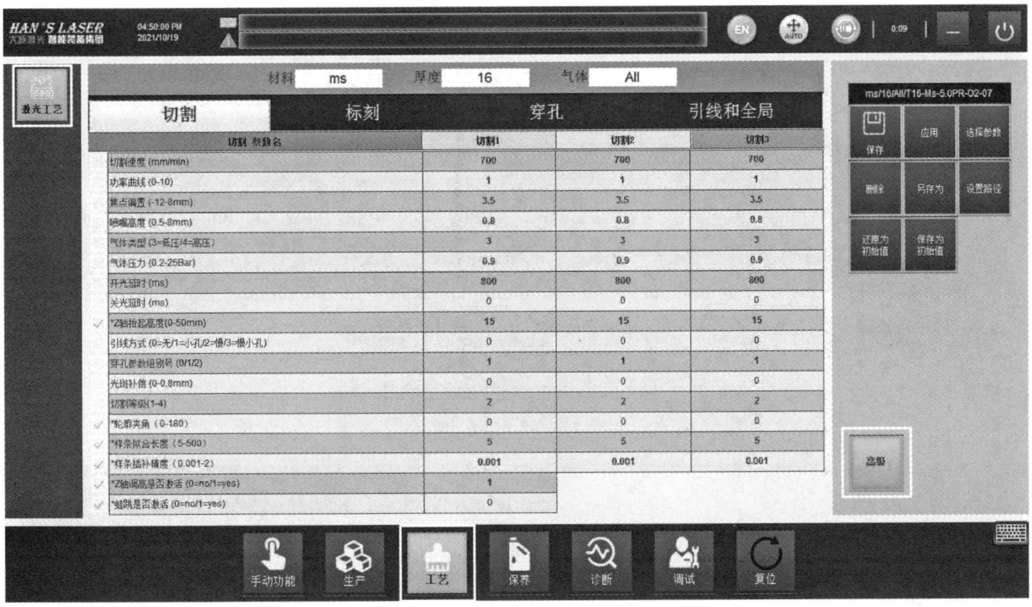

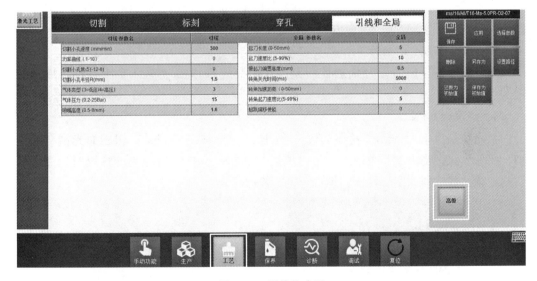

图 6.24　工艺切割参数界面

图 6.25　引线和全局

设置好所需的切割工艺参数后，点击"保存"并选择"应用"。

（7）寻边设置

在对板材加工前，确保板材的放置与工件切割的轮廓没有偏差，可以开启"寻边"功能进行板材寻边。寻边有多种方式，根据自己实际情况进行选择即可。本次加工工件数量为"1"，在进行切割时，板材多为不规则的余料，这种情况下需要手动对好起刀点，如图 6.26 所示。

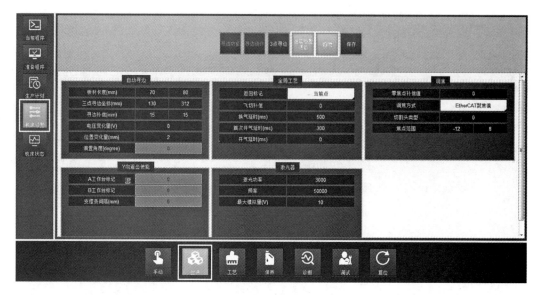

图 6.26 寻边设置界面

（8）走边框

切割前进行走边框操作，判断是否可以在当前位置进行切割。具体操作参考项目 2 任务 1 的展示柜案例。

（9）开光切割

准备工作完成后可以开始进行切割加工，具体操作参考项目 2 任务 1 的展示柜案例。

3）切割成品展示

激光切割加工后的工件整体如图 6.27 所示，整体结构完整，切割面光滑、无毛刺，拐角处无过烧现象。当切割样品出现切割面粗糙、挂有熔融物的情况时，需要对切割工艺参数里的速度、气压、焦点等进行修改优化。

（a）切割成品展示 A   （b）切割成品展示 B

图 6.27 切割成品展示

在进行切割前，通过拐角冷却处理可以优化拐角，假如不进行优化，拐角容易出现过烧现象。若在设置了拐角冷却后还是出现过烧现象可调节相关冷却参数及拐角速度再次进行优化。

任务 2　农机外部套件案例实训

任务分析

1）加工要求

毛坯为 10 mm 规格的碳钢板材。要求激光在板材上加工出如图 6.28 所示的齿轮零件一个，其中齿轮齿角尺寸不能有太大误差以免影响装配使用。

2）加工图纸分析

从 CAD 图纸可以看出，零件分为内部轮廓和外部轮廓。板材的厚度适中，但内部小轮廓偏多，要注意内部小圆的切割需使用分层切割处理，防止小轮廓切割不理想。

3）切割技术目标

要求切割面保留碳钢材料的本色且下表面无明显毛刺、熔渣，选择氧气作为辅助气体参与切割。要求内轮廓尺寸精度没有明显误差且形状不变形，内轮廓无过烧、熔渣残留。

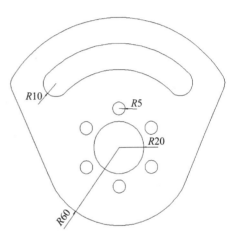

图 6.28　农机外部套件图纸（单位：mm）

任务实施

1）CAM 编程

（1）零件导入

本次实训为单个工件的加工，不需要进行排版编程，使用 cncKad 软件完成编程操作即可。

打开 cncKad 软件，进入软件主界面，如图 6.29 所示。使用"导入"功能，将加工工件导入至编程软件。按照项目 2 任务 2 的窗花案例的零件导入步骤，选择相应的机器后置文件，处理好相应的图层信息，创建新的程序文件，在导入信息界面里确定好板材厚度等信息，如图 6.30 所示。

图 6.29　cncKad
编程软件

137

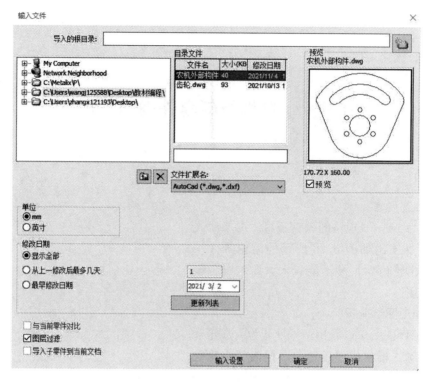

图 6.30 导入零件

（2）零件检查

在导入零件并选择好相应机器型号后，通过"检查"功能对零件的 CAD 图纸进行检查校对，查看是否存在缺陷，如图 6.31 所示。若检查到不符合校对参数的，可进行修改，如凸度、公差等。

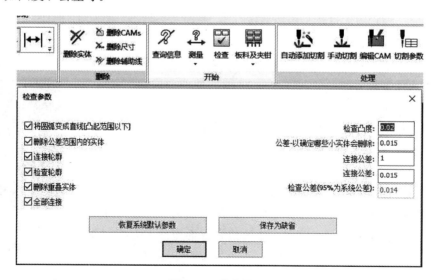

图 6.31 检查界面

（3）切割参数设置

待加工板材的厚度为 10 mm，但内部轮廓和外部轮廓相差较大，且工艺要求较高。在进行加工切割时需进行分层切割，确保加工工件的内轮廓形状精度达到要求。

打开"切割参数"→"几何"，设置切割分层范围。本次加工的内轮廓最小的为 6 个直径为 5 mm 的小圆，在设置分层时要将这部分独立出去，切割时配置其他的工艺参数进行切割，如图 6.32 所示。

建议切割 3 层设置为：轮廓最小值为 0，轮廓最大值为 8；

建议切割 2 层设置为：轮廓最小值为 8，轮廓最大值为 20；

建议切割 1 层设置为：轮廓最小值为 20，轮廓最大值为 9 999。

轮廓尺寸	轮廓最小	轮廓最大	最小引入	最大引入	最小引入半径	最大引入半径	最小引出	最大引出	最小引出半径	最大引出半径	圆角半径	环绕尺寸	角落前	角落后	拐角处理半径	拐角处理角度角	穿孔类型	引入类型	慢速引入
切割3	0	8	0	0	0	0	0	0	0	0	0	0	0	0	0	0	N	N	0
切割2	8	20	0	0	0	0	0	0	0	0	0	0	0	0	0	0	N	N	0
切割1	20	9999	0	0	0	0	0	0	0	0	0	0	0	0	0	105	N	N	0

图 6.32 几何设置界面

在编辑切割分层时一定要注意，不要进行重复分层，而且每一分层都要在"切割参数"→"切割"界面设置好，否则在自动切割过程中会出现相关轮廓没有进行加工处理的情况。图 6.33 为参考数据：

切割 3 层速度为 5，切割 2 层速度为 10，切割 1 层速度为15，光束直径统一为 0.4，气体压力为 3。

P 类型	速度(mm/min)	慢速	Q编号	光束直径	气体压力	气体	Z偏置	拐角冷却
打标	5	5	54	0	2	N2	0	0
喷膜	10	10	55	0	0	N2	0	0
切割3	5	5	53	0.4	3	N2	0	0
切割2	10	10	52	0.4	3	N2	0	0
切割1	15	15	51	0.4	3	N2	0	0

图 6.33 切割参数设置

（4）自动添加切割

切割参数设置完成后，进行自动添加切割即可。点击"自动添加切割"，CAM 软件会根据轮廓尺寸的分层进行切割编程处理，如图 6.34 所示。

（5）板料及夹钳设置

打开"板料及夹钳"界面，本实例为单个零件，不需要设置零件偏置。选择"板材＝零件"，工件的实际轮廓为该工件的加工轮廓范围，如图 6.35 所示。

（6）NC 程序输出

工件的切割工艺加工处理结束后，可以生成相应的 NC 程序。点击"NC"功能，打开程序输出步骤，按照提示进行处理。具体操作步骤如下：

图 6.34 自动添加切割

图 6.35　板料及夹钳设置

选择"NC"→取消勾选"启用切割优化"，然后连续两次点击"下一步"，勾选"如果引入线破坏工件则提示警告"，最后点击"完成""确定"。

待 CAM 软件程序运行结束后，会弹出如图 6.36 所示的窗口，表示程序已输出完成，可以进行加工模拟。

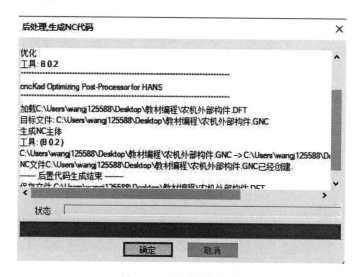

图 6.36　程序输出完成

（7）程序模拟

程序输出完成后会自动打开程序加工模拟界面，在加工界面可以看到，工件的加工颜色分为两种，这表示分层切割参数已成功区分大小轮廓的加工范围，如图 6.37 所示。本案例中"程序模拟"的具体操作内容可参考项目 2 任务 1 的展示柜案例。

设置"速度"倍率，点击"运行"，观察模拟器里切割头的加工运行路径和右侧程序是否正常，确认无误后可上传至机床进行切割加工处理，如图 6.38 所示。

图 6.37　工件模拟运行图

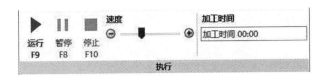

图 6.38　运行模拟

（8）程序上传

NC 程序确认无误后，点击"发送到机器"或"发送到磁盘"，将工件程序上传至机床，或者通过外部存储设备将程序文件导入至机床后，即可开始进行切割。

2）设备操作

程序上传至机床后，开始准备进行切割处理。在进行切割时需要对激光切割机床进行一系列的设备操作以保证设备正常运行及达到相应的工艺效果。

（1）喷嘴更换

本次加工的板材为 10 mm 厚的碳钢板材，首先确定好切割时使用的相关参数，根据参数选择相应的切割喷嘴。将选好的喷嘴更换安装至切割头处，检查是否存在松动或者堵塞等情况，确认无误后开始下一步操作。

（2）气体测试

本实例使用氧气作为辅助气体进行切割，需要注意氧气切割时其浓度应达到切割标准，否则会影响实际切割效果。切割气体的压力是否达到要求也很重要。

实际切割时可能面临的情况很多，无法确保气体管道内部的氧气达到标准纯度以及气体的压力达到切割要求，因此为了防止气体污染及压力不足现象的产生，需要在切割前进行"气体测试"，其目的一方面是排空气体管道内部的残留气体以保证氧气的气体纯度；另一方面是测试氧气的压力是否达到切割需求。

（3）同轴调校

具体操作参考项目 2 任务 1 的展示柜案例。

（4）切割头标定

点击"生产"界面右侧的"随动标定"，确定启动，切割头会自行运行到标定模块进行标定动作，切割头动作结束后，手动将切割头移动至板材上方。

（5）程序选择

打开"生产"界面，点击"程序选择"，找到放置切割工件程序的文件位置，选择农机外部套件程序，加载后查看"生产"界面显示工件是否存在问题，若无问题可进行下一步操作。

（6）工艺参数选择

打开"工艺"界面，选择本次切割所需的参数，本次工件需要进行分层切割，在进行工艺参数设置时候要注意切割 1 和切割 2 参数的区别，在不同的轮廓切割参数里设置对应的切割参数，如图 6.39 所示。

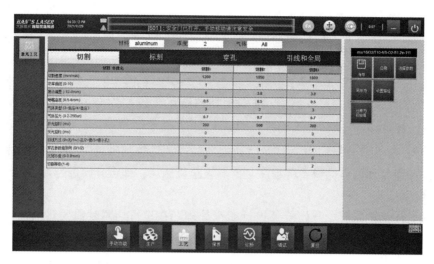

图 6.39　工艺参数设置

（7）寻边设置

打开"生产"界面，点击左侧的"机床设置"，打开上方的"寻边功能"，如图 6.40 所示。确保机床在切割运行时能够自动确定板材位置，保证工件的切割位置。寻边有多种方式，根据自己实际情况进行选择即可。

图 6.40　寻边功能

（8）走边框

具体操作参考项目 2 任务 1 的展示柜案例，如图 6.41 所示。

图 6.41　切割头走边框

（9）开光切割

具体操作参考项目 2 任务 1 的展示柜案例。

3）切割成品展示

本次农机外部套件整体的加工难点主要在于小轮廓的加工，因此需要进行分层处理以及调试板材的穿孔工艺。切割样品如图 6.42～图 6.43 所示，切割表面光滑、无毛刺，小孔圆度符合且无变形。

图 6.42　切割成品展示

　　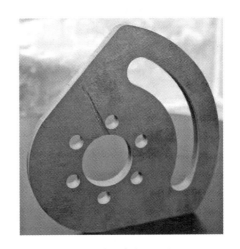

（a）切割面展示　　　　　　　　（b）内轮廓小圆展示

图 6.43　切割细节展示

当切割断面出现瑕疵时，需调整工艺参数内的速度、功率、气压等，若内轮廓的小圆出现不规则或肉眼可见的形状变形，需要重新打同轴以及检查切割头是否发生抖动。

143

课后习题

1. 请简要描述激光切割设备生产操作的流程。

2. 在某工件切割过程中出现了工件频繁翻转的现象，如何解决？

3. 切割中途大复位后如何恢复加工？

4. 交换工作台前，应确保机床后面的工作台旁边没有人员，板材摆放位置没有超出工作台加工区域，以免造成人身伤害或机床的损坏。（　　）

5. 在加工完成后可以直接触碰加工后的材料，查看切割质量。（　　）

6. 在加工过程中发现异常时，应立即停机，必要时应挂上警示牌，并及时排除故障。（　　）

7. 加工一个16 mm厚的Ms（碳钢）工件时，工件拐角处出现过烧现象，导致拐角切割质量差，有哪些方法可以改善这种现象？

8. 加工一个如下图所示的零件，外轮廓为100 mm的矩形，内轮廓为直径为60 mm的圆，实际加工出来后测量发现，零件外轮廓为99 mm，内轮廓直径为61 mm，需要进行哪些操作以改善这种情况？

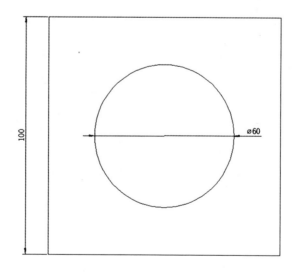

参考答案

1. ①更换喷嘴；②气体测试；③同轴调校；④标定；⑤程序选择；⑥选择工艺参数；⑦设置寻边方式；⑧走边框；⑨开光切割。

2. 重新编程添加微连接或者在工艺参数添加微连接。

3. 可以使用加工中断返回、续切、灵活进入、接刀开关等方式来恢复加工。

4. √

5. ×

6. √

7. ①设置拐角冷却；②在编程时对工件拐角进行倒圆角处理；③拐角停顿；④拐角慢速切割。

8. ①在 cncKad 软件工艺参数中，设置补偿 1 mm；②在机床机器补偿中内外轮廓补偿设置 0.5 mm。

参考文献

[1] 中国机械工业联合会. GB/T 18490.1—2017 机械安全 激光加工机 第 1 部分：通用安全要求 [S]. 北京：中国标准出版社，2017.

[2] 中金普华产业研究院. 浅析激光技术的现状及发展 [EB/OL]. （2018-08-17）[2022-02-01]. https：//baijiahao. baidu. com/s？id＝16090105766011944038wfr＝spider8for＝pc.

[3] 深圳市大族超能激光科技有限公司. 激光切割机在汽车工业的应用 [EB/OL]. （2020-01-16）[2022-02-01]. http：//www. hansmplaser. com/news/detail-584. html.

[4] 博特激光. 船舶制造业中所需要采用到的激光技术应用 [EB/OL]. （2019-01-01）[2022-02-01]. https：//www. laserfair. com/yingyong/201901/01/70044. html.

[5] 邱兆峰. 激光切割技术在航空发动机制造中的应用 [J]. 金属加工（热加工），2015（4）：42-44.

[6] 赖仁享，程国祥，谢居懿，等. 激光切割装备在航空零部件制造中的应用 [J]. 金属加工（热加工），2015（4）：39-41.

[7] 沈义平. 浅谈激光加工技术在航天领域的应用 [J]. 现代制造，2017（40）：11.

[8] 栗迅. 现代激光技术在机械加工及航空航天领域中的应用初探 [J]. 科技资讯，2009（27）：1.

[9] 冯晓宾，王杰. 基于激光加工技术在农业机械制造中的应用与发展 [J]. 科技传播，2014，6（9）：99，101.